放射能汚染
どう対処するか

企画 首都大学東京 宮川研究室
宮川彰・日野川静枝・松井英介

花伝社

目次

第Ⅰ部　未曾有の危機に対処するための基礎知識

第Ⅰ部

未曾有の危機に対処するための基礎知識

第1章　国民的不安をどう乗り越えていくか

首都大学東京大学院社会科学研究科教授　宮川　彰

1　説明あれど、不安収まらず——「原発レトリック」に透けてみえること

「もしかしたら、ありうるのでは」とだれもが恐れていた事態が、案の定、明らかになりました。2011年4月12日に日本政府は、東日本大震災による東京電力福島第一原子力発電所の事故の評価を、国際的な事象評価尺度（INES）でチェルノブイリ原発事故（1986年）にならぶ史上最悪の「レベル7」（＝「深刻な事故」の水準）※であることを公表したのです。

※　原子力事象・事故の国際評価尺度（INES）　放射性物質の大気への放出量の規模に従って「数百～数千テラベクレルの放出リスクを伴う事故」＝レベル5から「深刻な事故（数万テラベクレル以上）」＝レベル7まで定めています。

事故の深刻化と不安の増大

海外からはこれまでにも、「日本政府は事故を過小評価している」、「情報を出し渋って対応が遅い」

と批判の声が上がっていたところでした。３月18日発表の「レベル５」（＝米スリーマイル島原発事故に相当、１９７９年）の評価から、今回ようやく見直しに踏み切ったものです。事態の深刻化につれ、早くからレベル６以上か、やがてチェルノブイリをもしのぐのではと懸念されていました。その兆しはいくつも認められていました。

　福島原発事故の場合、４基の原子炉すべてについて、冷却装置と５重の安全「壁」の損傷という重大なトラブルが１つまたは複数の組み合わせで起きていました。燃料棒（第１、２の壁）の空だきや、圧力容器（第３の壁）の損傷、１〜３号機の炉心溶融の可能性、１、３、４号機の水素爆発ないしは火災の発生です。水素爆発では、１〜２メートルのぶ厚いコンクリート造りの原子炉建屋（第５の壁）がぼろぼろに吹き飛ばされて鉄筋骨がむき出しになりました。破壊のすさまじさを映し出したテレビ映像は、世界中に衝撃をあたえました。そのうえ、原発内には今もまだ、これまでの放出量をはるかに上回る大量の放射性物質が残されています。

　不安がいっこう収まる気配がないのは、「崩壊熱」を安定的に冷やす冷却システムが修復できないまま、いまなお事故の進行を制御できていないことが根っこにあります。とても「峠を越えた」などと言える状況ではありません。

　今回の事故評価レベルの見直しに際して、事故対策を統括するはずの政府・官庁・東電のあいだで連携に齟齬《そご》があったことが見えかくれしています。また、東電の基礎１次データを政府・官庁側が共有できていない情報の目詰まり、ギャップ状況が露呈しています。最悪事故の難局打開にあたろうとするのですから、国内外の英知を総結集する必要があります。事故情報の正確な基礎データをできるかぎり公開して国内外の英知の解析・判断にゆだねるというのが、国際的責務であり礼儀でしょう。

今後どのように推移するか予断をゆるす状況にありませんが、「最悪に備えて最善を尽くす大原則」を今こそ発揮するべきです（安斎育郎氏）※。

※　最悪のシナリオ　放射性物質を閉じ込める原子炉格納容器（第4の壁）が壊れれば、予想される最悪のシナリオが現実のものとなるかもしれない、と専門家は予測しています。たとえば、①格納容器の外に出た溶融物が炉の床のコンクリートと反応して水素など多様な有毒ガスが発生する。②溶融物が固まり、格納容器の外で再臨界（核分裂反応が継続する）にまでいたる（元東芝原子炉設計技師後藤政志氏）というプロセスです。

内部被曝問題の浮上

事故から10日たったころから、住民の不安の広がりと度合いはピークに達します。目に見えない「死の灰」放射性物質は、懸念されていたとおり、あらゆる場に拡散し、農・畜産・水産物を汚染しはじめています。

3月21日には、海水から「高濃度」の放射性物質が、また、敷地内の土中から猛毒のプルトニウムが析出。同日には、福島、茨城、栃木、群馬のホウレンソウとかき菜が、また福島産の原乳も、「暫定規制値」※を超えたため出荷停止の措置に。やや遅れて4月5日には茨城沖でとれた小魚コウナゴから「規制値」を超すセシウムが検出され、この地域での海産物の水揚げがストップしました。現に放射能汚染された農水産物が出まわり、汚染の影響は、出荷・消費でつながった農・畜産・水産物の市場範囲の全体を脅かすようになったのです。

※　暫定規制値　この値を超すと「食用に適さない」と政府が定めた放射能汚染の基準。放射性ヨウ素、セシウム、ウランといった核種ごとに、食品の種類別に値が定められています。たとえば、ヨウ素の場合、野菜1キログラムあたり2000ベクレル（ベクレルは放射能の強さを表す単位）。

3月23日に東京都内の水道水から乳児の「飲用基準」を超す放射性物質が検出され、スーパーやコンビニでペットボトル飲料水の買い占めパニックが起きたのはその象徴でした。農水産物の「風評」による不買の動きがひろがり、震災から立ち直ろうとしていた農水産業者に追い打ちの打撃を与えています。

福島原発事故の影響で「内部被曝」の脅威がふくれあがり、ふつうの人びとにとって一段と切実味を増してきました。呼吸や食物飲料の摂取を通して放射性物質が体内に取り込まれてしまうと、放射能が、外からの被曝よりも幾倍もつよくしぶとく細胞核や染色体遺伝子を破壊しつづけます。この恐怖が、関東・東北の東日本一円の市場圏を駆けめぐったのです。

住民の不安のおおもとはなにか？

放射能汚染と安全性の問題では、国民にとって気がかりな情報提供や報道のあり方で、送り手受け手の双方の側で混乱がうまれました。

放射能汚染は、原子核や電子・中性子レベルの透過・破壊作用である以上、大気・大地・河川海洋の場所を選ばず、人と自然のわけへだてなく、身体組織内外も含めたすべての生活空間、生活時間および生活環境にわたって、放射能寿命がつきるまで浸透します。その影響は、一時的一過性に終わるのではなく、微量であっても長期にわたって恒常的に累積します。

これを生活者の立場に立って見てみると、この間の報道やコメントの問題性が浮かびあがります。汚染報道をめぐる「部分否定レトリック」および「風評被害」の問題について、整理し検討を加えておきましょう。

汚染報道と部分否定レトリック

放射能汚染が時々刻々広がりをみせるなか、3月15日に原発半径20～30キロ圏に屋内退避指示が出ました。翌16日の政府の記者会見では、対象地域の放射線量について、①「ただちに人体に影響を及ぼす数値ではない」。また、3月19日に福島産の牛乳とホウレンソウから「基準値」を超える放射能が検出されたことについて、②「ただちに健康に影響を及ぼす数値ではない」（枝野官房長官）、と付言されました。会見の説明において、「ただちに～ない」とか「すぐには～ない」の部分否定の修辞、言い回しが多用されたことに耳目が集まりました。このことが人びとの不安と混乱を増幅させることに一役買ったのです。

第一に、〝部分否定レトリック〟と括ることのできる、一連の情報操作的な含意のことです。「部分」や「一時」についての否定は、自余の他の空間と時間のひろがり全体についてなにも言及しないことで、聞き手を未確認未確定の大きな不安の闇の淵に置き去りにしてしまいます。さらには、部分否定が強調されると、これとのコントラストの兼ね合いで、反対の側の自余の部分についての肯定を強調する構文として、修辞的効果を帯びるようになるという点です。「ただちに（すぐには）～ない」というのであれば、それはひいては、〝やがて、中長期的には～（影響）ある〟、〝その他の部分では、間接的には～（影響）ある〟、影響が及ぶのだ、ということを婉《えん》曲に肯定し認めることを含意します。部分否定の言い回しは、自余その他の部分の肯定を強調するレトリック（巧妙な表現）効果があるということが、忘れられてはなりません。

住人は生活者です。たとえ汚染があったとしても、簡単に逃げ出すことはできず、この地で何か月間も何年間も放射能にさらされ続けなければならない身です。この生活者の視点に立てば、「部分」と「自余その他」のどちらに気がかりな関心が注がれるかは自明でしょう。国民の冷静な受け止めを願って配慮をこめたつもりの政府による情報報知だったかもしれませんが、かえって国民の不安を増幅させてしまいました。

第二に、発言のうちそとを見渡して目につくのが、発言趣旨の一貫性の欠如です。一方で退避指示や出荷停止指示を出しながら、他方では安全、安心を説く――これでは、だれの目にもわかる自家撞着です。その言葉は説得力をもちえないばかりか、そうした〝リップサービス〟の糊塗を必要とするほどに事態が切迫しているのではと憶測を喚び起こすメッセージ性を、それは暗に持つことになるのではないでしょうか。事態の切迫性は、まもなくレベル７にとどく事故の深刻さと、政府・東電の後手に回った場当たり対応というかたちで、現にあらわになりましたが※。

※　原子力災害に備えて国が１１３億円かけて整備したという、放射性物質の飛散状況を予測する「緊急時迅速放射能影響予測ネットワークシステム（ＳＰＥＥＤＩ）」。その情報を開示し始めたのは、やっと事故後１ヶ月半のことでした。「国内で公表しなかったのは、漏れ出た放射性物質の量が仮定の数値だったため、公表すれば誤解を招く」（気象庁）と、これまた自家撞着まる出しの、苦しまぎれの釈明が行われました。

影響を事前予測するのに「仮定の数値」に依拠するほかないはずです。逆に、もし「仮定」でなく確定値を用いようとするならば、それは事後確認となり、「迅速影響予測」としては無意味なこと、新鋭システムとしてはムダで役立たず、ということになるでしょう。会見で政府は「国民のパニックを防ぐためだった」と告白しましたが、政府による情報隠し、情報操作をつよく印象づけ、国民の不信、不安を募らせることになりました。

要するに、そのような配慮を欠く言い回しのフレーズでは、不安を和らげるどころか、人びとの疑心、不信をかき立てて逆効果を帯びてくるのです。

汚染の実被害と「風評被害」

汚染が農水産物におよぶと、消費者の側で摂食による内部被曝の不安が増大する一方、農水産業者の側では出荷停止（3月21日）による損害といわゆる「風評被害」とが広がりました。決め手になったのは、ホウレンソウ、かき菜、牛乳の放射線量のサンプリング調査に基づく「暫定規制値」超えです。しかし、この出荷停止の措置は、消費者の疑心暗鬼を呼び覚ますことになりました。まっさきに人びとの脳裏をかすめたのは、一つにはサンプリング調査という部分抽出による検査法、もう一つには「規制値」の信ぴょう性です（この「規制値」については次項で言及します）。

ここに挙がった3つのサンプル産物の背後には、〝ブラックリスト〟または〝灰色リスト〟に相当する候補産物が数多くひかえているのではないか。たまたま検査対象にならなかっただけの、潜在的な、汚染候補産物がたくさんひかえているのではないかという猜疑が、日本中を駆けめぐりました。ホウレンソウやかき菜が汚染されたなら、そうであるなら、同じ葉もの野菜である小松菜やキャベツや春菊等々も免れないだろう。牛乳が汚染されたなら養鶏のタマゴ等々だって同然、また、小魚のコウナゴが汚染されたならシラスや同じ海域にすむ食物連鎖上位の大中の魚介類だって同然であり、例外であるとは考えにくいでしょう。

ところで、こうした考え方は、風評を助長するだけの社会害悪的な邪推、憶測のたぐいなのでしょうか。ことは放射性物質による大規模な環境汚染です。この汚染は、素粒子レベルの透過または破壊作用であり、私たちの生活の場にくまなく影響が及びます。しかも一過性にとどまらない、長期的な累積被曝の懸念のともなう災害です。したがって、その汚染の実被害があるかどうかをつかむには、可能なかぎり最大限の綿密な調査で検出しつくす必要があります。

生活者（消費者）の不安懸念をはらすのに求められるのは、事柄の性質上、悉皆《しっかい》調査です。アトランダムのサンプル抽出調査にとどめるのではなくて、汚染地域を面でカバーする方式が求められます。出荷される農・畜産物、水産物の個別単品ごとに測定を徹底し、シロクロをはっきりさせる方針をもった考え方と手だて（検査済み安全保証の貼付）が必要です。かつて家畜牛のＢＳＥ症がはやった際に、罹病率の高い一定年齢までの若牛を対象とした悉皆調査でチェックして乗り切ることができた体験を、一つの教訓として思い起こすことができるでしょう。

さて、右の汚染チェックの検査体制を整える前提となるのが、評価の尺度を確立することです。風評と実被害とを区別する基準、すなわち、どの程度までをシロ（該当せず）とみなしどの程度からクロ（汚染被害）と認定するか、そのものさし（安全基準または「許容値」基準）を定めることです。

2　「規制値」は安全基準か

「規制値」は安全基準ではない

事故処理の先行きがみえないなかで、放射能汚染が健康にあたえる影響は長期化の様相をみせています。農水産物の出荷停止を指示した際、政府会見では、次のような混乱きわまる説明が繰りひろげられました。

③「今回の出荷制限の対象品目を摂取し続けても、ただちに健康に影響を及ぼすものではない。今回の措置は、暫定規制値を超える状態が長く継続することは好ましくないため決定した」（3月21日、

枝野官房長官）。

発言の前段と後段とでは、まったく相容れない、矛盾した判断が盛り込まれています。前段では、汚染した「品目を摂取し続けても、ただちに健康に影響を及ぼすものではない」と「安全」を喧伝しようと意図したものだけれども、後段では、それとは逆に、規制値を超える状態が長く継続することは「好ましくないため」出荷制限を決定した、というのです。規制値を超す状況が続くという想定のもとで、一方では健康に影響はなく安全だといい、他方では安全だとは言えないので対応したという、これはだれの目にもあきらかな自家撞着です。

度しがたい不規則発言というべきか、それとも、「規制値」用語の曖昧さのうえで操作されている「詭弁」なのでしょうか。「規制値」を超えたからといって危険とはいえないが、「規制値」を超えたとあれば危険でないとはいえない、などと。「規制値」、「許容量」とよばれるものをどのように理解したらよいでしょうか。

また、大気中に放射能が放出されたときには、④「医療用ＣＴスキャンの検査による被曝量に比べて何分の一だから」とか、「日常生活でもあびている自然界の放射線量とかわりない程度」といった〝安全宣言〟もしばしば聞かされたものでした。

一つに指摘される点は、医療検査のためにあびる放射線には病気を発見するメリットがありますが、安全策を怠って起きてしまった事故のために、放射能で汚染された野菜や魚を食べさせられることに、なんのメリットもあるはずはありません。これは無意味な誤った比較というべきです。もう一つには、ＣＴ検査の場合が一瞬間の被曝なのに対して、大気や食品の汚染は長期にわたる恒常的な被曝であり、比較のタームをはきちがえた誤った説明だという点です。

いずれにせよ、医師と患者が必要だと判断して望まれる医療被曝と、事故による災いの被曝とを比較するのは、乱暴で非科学的な比較というほかありません。

「許容値」概念をめぐるあゆみ

さきの政府発言（③）に見られたように、「規制値を超えたものを食べ続けても大丈夫」、「健康に影響はない、すぐに心配するレベルではない」との見方が、政府や専門家たちから流されています。「規制値」とは安全基準をクリアした汚染被害の〝お墨付き〟許容量だ、という受け止め方のあらわれといってよいでしょう。

ここでは、日本の科学者たちや原水爆禁止の市民運動の中から実を結んできた成果にまなんで※、「許容値」の考え方について点検確認をしておきます。

※　武谷三男編『安全性の考え方』岩波新書、１９６７年、同著『フェイルセイフ神話の崩壊』技術と人間、１９８９年、参照。

「規制値」＝安全基準というとらえ方に対して、広島、長崎はじめ日本のいく度かの被曝体験のデータに基づいて、「どんな少量の放射線でもそれに応じた影響がある」、という確固とした認識がかためられてきました。原爆で被曝した人のなかに、被災後10年ほどの間に白血病があい次いで発症したり、十数年後になってガンが出てきたという症例の実績があったのです。

武谷三男氏によれば、アメリカにおける「許容量」という概念は、その量までは一生医者にかからずにすむ量、のような中身で使われていました。「この程度までの汚染・被曝ならあびても大丈夫だ、その量までは許してよい、危険のない量」というように、いわば〝お墨付き〟の安全基準のような考え方が横行していました。これに対して、日本の科学者は、許容量や基準量などは安全な量を意味するものではないとただして、概念の確立や定着ために国際世論をリードしました。こうして、その後の反核市民運動の理論的な後ろ楯やその発展に貢献したという歴史の歩みがありました。

「許容値」の考え方

どんな微量であっても放射線をあびれば相応に害がある。「許容値」の考え方は、この基本認識を土台として組み立てられます。たとえば、病気の心配があって身体をレントゲンで検査する必要があるとすると、その放射線の照射によって、将来これを原因とする病気（ガン）をこうむることになるかもしれません。この場合に、この有害の程度と、いま危険のせまっている病気をいち早く発見することができるという有利さの程度との両者のバランスを考えたうえで、放射線で調べることに踏み切ります。このような場合、「その個人の健康が得られる有利とそれによる有害との比較によって、有利さの方が優れている場合に許される量」、それが許容量ということになります。

この用語についての注意点は、それがなにか自然科学上の数値で計測されるような厳格な尺度といったようなタチのものではなくて、社会的な性質の概念だということです。そのものを使うことによって、なにか利益があるならば、プラスとマイナスとを天秤にかけて、ある程度までのマイナス分はがまんしてもいいではないかと、両者の〝兼ね合い〟を見たてる目安量、いわば〝がまんの妥協点〟なのです。

もともと、有利（プラス）とそれにともなわれる有害（マイナス）とは、違った性質を持っていて、だから相互に比較して同質の諸量を差し引きして測れるようなものではありません。たとえば、レントゲン検査で放射線照射の被曝（マイナス）の代償に得られるのは、骨折状況の把握とかガンの有無や進行状況の発見とか、治療とは別ごとです。ときには、エックス線映像で異変がなかったことを確かめて「安堵」のよろこびを味わうといったいわば〝安心料〟みたいな、つかみどころのない利益（プラス）だってあるのですから。

経済量の交換価値のように、差額利益の算定というものでなく、有利とそれにともなう有害とを天秤にかけた、社会的に設定される〝兼ね合い〟を見たてた目安量だということを、銘記する必要があります。

「許容値」水準は運動成果の結び目

以上をふまえると、許容量をめぐる考え方として、社会科学的観点が欠かせないことも明らかでしょう。それが利益と不利との社会的な兼ね合いやバランスに左右されるとしますと、自然のルールのようにアプリオリに与えられて不変不動で決まっているのとは、正反対です。

許容量が、社会のお墨付きをえた「安全基準」というものではないこと、「どんな微量の放射線でも相応に害がある」という原則となる考え方を基礎、出発点にすえながら、具体的には、ときの政治経済や社会情勢一般の動向とかかわって影響を受けて、その水準が確定されるものだということが確認されうるでしょう。

別に言い換えると、許容量や暫定基準値その他の諸規制値は、自然ルールのように所与とされる確定値なぞではなくて、住民・市民運動や社会的民意度の成熟度、ひいてはひろく階級闘争の取組みの成果として歴史的に勝ち取られたものだということを、私たちに教えてくれます。

このことは、監視の手をゆるめたり社会的要請があると、許容基準値そのものがシフトされてしまう、つまり〝尺度のインフレ〟が仕組まれることがある、という事情を理解させてくれます。未曾有の災難を口実として原発事故従事者や一般住人の被曝許容量を引き上げてゆるくしてしまえとする動きは、その例です※。

※　日本政府は4月12日に、福島市と郡山市の学校の土壌が放射能汚染されていることを受けて、子供の被曝量の基準値を、毎時3・8マイクロシーベルト、年間20ミリシーベルトとしました。これは、国際放射線防護委員会（ICPR）が示す、「非常事態が収束した後の一般公衆における参考レベル」とされる、大人を対象にした許容量「年間1〜20ミリシーベルト」の上限数値です。チェルノブイリ事故で汚染されて子供たちの居住禁止地区に規定された「年間5ミリシーベルト被曝」基準の、4倍にも相当します。福島の子供たちにとって、校庭を利用する教育の効果のメリット（利益）と立ち入り禁止区域に指定する場合に代替地を提供しなければならない困難さとの兼ね合いで、高い被曝線量をあびるというリスク（被害）が、許容されたというわけです。当然これには、国内外から強い批判が巻き起こりました。

ひるがえって、こうした許容量概念の理解をふかめると、これがばねとなって、住人にとってより安全性の高い規制値を目指す運動を構築するための理論的後ろ楯となり、はげみとなるでしょう。

3　「ゲンパツ言説」を吟味する——科学技術限界説から脱原発指針へ

3・11以降、マスメディアの雰囲気もがらりと一変しました。自然と人間社会との存続のための諸条件が根幹から揺さぶられるような国難に遭遇して、マスメディアの論調にも、ある種の方向付けが目立ってきました。現代科学技術の〝粋〟、シンボルとも目されてきた原発。その未曾有の重大事故を黙示録の啓示にみたてて、原発の是非を問い、ひいてはそれに象徴される近代科学とそのあり方を見直し、これまでの価値観を問い直ししようとする思潮の流れが浮上しています。とはいえ、問題の立て方や推論・帰結ははたして適切に導かれているでしょうか。宗教学者山折哲雄氏、文明史家川北稔大阪大学名誉教授、環境学者植田和弘京都大学教授、３つの所説を概観し要点をチェックしておきましょう。

⑴宗教学者山折哲雄氏の「自然の猛威を前にして――信仰心で偶然と向き合う」（日本経済新聞2011年3月23日付）

　大自然の猛威を前にした人間のか弱い存在、そこから宗教に向き合う必要を説く一方で、近代自然科学の驕《おご》りをいさめています。――

　地震や大津波によって幾千もの命と家財を奪われた被災遺族は、「なぜあの人がなくなり、自分だけが生き残ったのか」と悲嘆にくれ喪失感に襲われている。「震災で生死を分けた偶然は、科学的にも論理的にも、どんな因果関係でも説明できるものではない」。納得のいかない受け入れがたい事実をまえにして、人びとは死と正面から向き合い「宗教の必要性」を感じる。今回の災害は、豊かなエネルギーに支えられた現代文明のありようを問い直している。人間はそもそも不可解で未知なものだが、自然科学は森羅万象を「説明可能であるかのように、幻想を与え」てきた。原発震災は、近代科学が自らの限界があることを忘れて「万能論」に陥った、「現代の傲慢」に警鐘を鳴らすものだ、と

このように山折氏は意味づけしています。

　気がかりな点は「自然の猛威を前にしたひとの非力さ」、もしくは逆に「自然を支配、制御できると思い込んだ人間の驕り」など、〈人間vs.自然〉を描き出すここでの二項対立的なとらえ方（S極vs.

N極などのように、異質な対立物を対比させる仕方）のことです。わかりやすいがあまりにも単純化しすぎた図式のもとに、もっと大事な社会経済的な真相というものにふたをして見えにくくしてしまうのではないかという点です。

「自然」と「ひと」とを結び付けるのは「労働」です。現にそれは、自然と人間とのあいだの物質代謝（すなわち、摂取と排泄による生命生態の維持機能）の営みを仲立ちしていて、ある社会ある時代には、それぞれに一定の生産や分配の特有な関係を築きあげながら、発揮されています。もしも、労働の働きかけの具体的なありようを、この社会的要因の側面を、見すごすならば、現実から目をそらして政治経済に由来する真相をおおい隠し、原因解明と責任所在とをあいまいにする議論に流されてしまいかねません。以下、２点にしぼって批評を加えます。

懐疑論と科学万能論との間合いの取り方

一つには、はたして自然は、山折氏のみるように、およそ科学のメスがはいるのもゆるさない〝偶然の大海〟なのでしょうか。地質学の次元、幾百年幾千年単位のものさしでみれば、なるほど「生死を分け」たきっかけも、ある意味で自然摂理にとってはささいな、誤差や偶然の域内であったかもしれません。とはいえ、生態や生理学の次元、あるいは生活時間の尺度や生活行動の目線で取り上げてみれば、事態は異なります。死活を分ける差異はここでは、人智のおよばない理不尽な〝偶然のもてあそび〟などではなくて、起こるべくして起きた必然の因果や道理で説明でき、したがってまた理解も可能なことがらであることは明らかでしょう。

いま一つ。原発安全神話にちなんで、行き過ぎた科学「万能論」や「過信」がひろくまき散らされました。それを、この機会にまずただし反省を促すことは、もとより至当であり必要なことでしょう。しかし、そうだからといって、近代科学とその成果そのものを軽んじたり不信をいだいたりするとすれば的はずれなこと、説得力をもちえません。難局打開のためにいま世界中の科学的英知の総動員が求められ、現に懸命に注力されている実情があるのですから、科学懐疑論を持ち出している余地はありえません。

政治経済要因の見のがし・免罪に警戒せよ

〈人間 vs. 自然〉のような取り上げ方の議論では、懐疑論とは別のもう一つの危うさがひかえています。過度に抽象的で単純すぎる対立的図式の思考枠組みのゆえに、そのせいで人と自然とのあいだを仲立ちしている生産活動と物質代謝の営みに関する政治経済学がなおざりにされ、具体的な社会的関連要素が、後景に押しやられるおそれがあります。ある時代ある社会（たとえば、現代の・新自由主義局面）の政治経済の制度や仕組み（たとえば、グローバル市場経済下、産軍複合の・営利優先主義）や、そこに由来する社会的病弊の要因や構造・条件というものが、その思考パターンのために視野から排除され、覆い隠されてしまう危惧のことです。政・官・財界や学界や公衆といった社会諸階層のあいだの経済的利害や安全・リスク上の対立がからむ政治経済的な要因や条件があいまいにされ、ことがらの性質上、このことがしばしば真相隠蔽や責任逃れに利用されやすく助長される傾向があるということは、忘れられてなりません。行き過ぎた科学万能論や安全神話を支えとしそれを利用してきた、原発依存・原発推進思考やその担い手たち（政府・東電／財界・学界）、それらの人災的な性格の原因がきちんと解明され、真の責任所在が摘発・指弾されることが必要です。

けっきょく山折説は、何を言わんとしているのでしょうか。科学とどう向き合おうというのでしょうか。一方で、もし、驕る近代科学ならさっさと見限ってしまえという趣旨だとするならば、震災を機会に宗教のなにがしかの効能や値うちの再評価を期待したいという、僧籍をもつ宗教家としてのご自身の立場とは、ある意味たしかに平仄《ひょうそく》は合うでしょう。がしかし、それは復興の実態に適合していないし、いま直面している現実課題の打開にはちからになりえません。他方で、もし学者の立場で、科学の驕りに警鐘を鳴らしもっとまっとうなあり方をただしその発展を励まそうとするメッセージだというならば、信仰心の復権を期待した前段の言い分とはあきらかにそぐわない。

要するに論旨が一貫せず、チグハグなのです。これはひょっとして、宗教（者）vs.科学（者）、神仏を信じる立場と信じない立場、つまり観念論と唯物論という、もともと調停できない深いところの対立の葛藤が山折氏の脳裏に投影したあらわれかもしれない、こう見るのはいささかうがった見方でしょうか。

(2)文明史家川北稔氏の「巨大科学技術限界説」（「3・11に砕かれた近代の成長信仰、もやっとした不安」朝日新聞2011年4月7日付）

西洋史家川北稔大阪大学名誉教授は、〝3・11ショック〟が近代の成長信仰を砕いたとし、科学技術の限界を転機とした、ポスト震災の日本の未来像を探ります。――

近代とは経済成長の時代であり、その成長を裏打ちしたのが地理的拡大と科学技術の発展だった。これまで大規模災害は科学技術で乗り越えることができたが、「今は科学技術でも抑え込めない自然災害があること、そして科学技術が巨大な災害を生んでしまうことが、あらわになった」。近代の成長信仰の考え方（「成長パラノイア」）は「後退」させざるをえず、科学技術に対する信頼の揺らぎとともに「もやっとした、正体のわからない、妙な不安感が出てくるかもしれない」。「我々の価値観、メンタルな部分」を変えて「成長信仰」を脱却する必要があると説き、世界やアジアのトップの座を譲り渡したあとの日本は「東洋のポルトガル、それも悪くない」、と川北氏は復興後日本の将来像を描き出します。

指摘しておくべき点は、まず一つに、３・11にいたるまでは「抑え込めない自然災害」はなかったかのように、科学技術のさながら「魔法の杖」のような科学技術「万能論」とそれに支えられた成長信仰がひろく受け入れられてきたことが回顧されます。二つには、〈科学技術 vs. 自然〉という素朴な対立図式のもとに、現代の巨大技術そのものの破綻があらわになったとして、「科学技術限界説」の悲観論が引き出されていることです。所説を流れるロジックはいたって明瞭、そのようにして出口のない科学技術限界説を論拠に、近代は「成長信仰」の終焉を迎え、「価値観」の転換を図って、停滞的ではあるが安定的な社会ステージ（「東洋のポルトガル」）に進むというシナリオです。

科学技術「万能論」とその限界説とは、すでに山折説でもみたように、同じ思考パターンを根にもつ双子の産物です。原発「安全神話」をかつぎだした政治経済利害の力学や責任論は視野から抜け落ちて、封じられたまま言及されることはありません。これと瓜二つ似た現代思潮の思考方式を、環境論分野の代表的な見解に見いだすことができます。

⑶環境学者植田和弘氏の「文明限界説」（『持続可能な社会』を目指して——物質文明の限界」日本経済新聞２００８年４月15日〜24日付、同著『環境経済学』岩波書店、１９９６年も参照）

植田和弘京都大学教授は、環境破壊を工業化による物質文明病であるととらえて、精神文明への転換に活路を見いだそうとします。――

「物質文明は発展すればするほど、行き詰まらざるを得ないのである」。19世紀産業革命後、20世紀は工業化と都市化を飛躍的に発展させ、工業文明と都市文明を構築した。「大量生産・大量消費・大量廃棄がシステムとして確立」した。「この文明は反地球環境的であり」、「貧困を克服するはずの工業文明は、自動車と石油に基礎を置いているため持続可能とはいえず、地球温暖化問題を引き起こしている。地球環境の限界にぶつからざるを得ない」。地球温暖化をはじめとする環境問題は「工業文明の終焉」をしめす警告だ。「物質文明は発展すればするほど、行き詰まらざるを得ないのである」。かくてこの文明は非物質的精神的な進歩の重視への切り替えが必要である、と植田氏は提唱します。

ここでの筋書きは、川北説と似かよって明瞭です。〈人類の工業文明 vs. 自然環境〉という図式に基づいて、近代における工業化の進展に支えられた物質文明は、「大量生産・大量消費・大量廃棄」をシステム特性としてかかえる。このことから、「この物質文明は発展すればするほど、地球環境の限界にぶつからざるをえない」。ここがキー・ロジックです。こうして地球環境と共存するためには、工業化の歩みをストップまたは停滞させ、非物質的精神的な充足を重視する社会への価値観の転換と軌道の切り替えが必要であることを、植田氏は唱えます。

近代の繁栄(物質文明)の原動力ないし推進要因となったのは、「科学技術」(川北)または「工業化」(植田)を武器とした生産力＝効率極大化の追求です。その行き詰まりの限界を示すのは、川北説では巨大科学技術それ自体のもたらす巨大災害（原発事故、地球規模環境汚染）であり、植田説では工業化に伴う「大量廃棄」とそれが突き付ける地球環境破壊です。そしていずれも、成長信仰や物質的繁栄の行き詰まりを転機として「近代」は終りを迎え、これに代わって精神的充足に重きをおく「ポスト近代」への軌道の転換を構想している点で、共通しています。

成長信仰や物質的豊かさへの卑俗な未練は断ち切って、価値観の転換をはかり、こころの充足と精神文明を重視する路線への切り替えが、軌を一にした筋立てで提唱されます。これがかなうならば、衰退社会へのシフトも恐れるにたりず、「東洋のポルトガル、それも悪くなし」（川北）と。

終末論めいた精神論的な、ひどく悲観的な未来予想ではありませんか。

いったいいつから日本国民は経済的繁栄の〝極み〟に達したというのでしょうか。そもそも達したことがあったでしょうか。そしてこののち、求道者のような禁欲生活を甘受しなければならないことになるというのでしょうか。

ちなみに、日本の国情はどうなのか見てみると、国民の金融資産額千数百兆円、最近の「ＧＤＰデフレギャップ」（「フル稼働すると想定した場合の潜在的なＧＤＰ供給力額」マイナス「現実のＧＤＰ有効需要額」の差額。過剰生産力の規模を示すめやす）、つまり余剰（過剰）の潜在的供給能力四十数兆円にのぼる一方で、失業者つまり余剰（過剰）労働者数は二百数十万人（失業率５パーセント）をかぞえています。また、大企業にため込まれた内部留保は二百数十兆円にたっする一方で、他方では、年収２００万円以下のワーキング・プアが民間労働者の４人に１人を占めるなど、貧富格差はジニ係数０・53という過去最大を記録。雇用状況の悪化と生活貧困化といった、深刻なあつれき・矛盾が国民生活の根幹をおびやかしている状況があります。

一方の極には、カネとモノとヒトの膨大な余剰（過剰）と偏った集積、他方の極には、安定した生活すら容易でない国民大衆層の側でのおどろくべき膨大な貧困の集積。この実情を一瞥しただけでも、リアルな課題がなんであるか、焦点がどこにあるか、だれもが気づかされるはずです。現存する利用可能な資源や富の大きな偏りや不均衡な分配にこそ所在するのであって、富の飽和点や文明の臨界点にぶつかって行き詰まっているとか、物質的欲求を断ちきって精神的充足への切り替えが必要などというはなしでないことは明らかでしょう。

「ゲンパツ言説」は、部分的には妥当な指摘や把握が散見されはしますが、全体の筋書きやロジックのはこびとして、実情からかけ離れ、切実な現実課題から人びとの目をそむけさせる役割を演じています。つまるところ、科学不信や懐疑論、「反・科学技術」や「反・物質文明」に誘い、要するに反・科学的合理主義の唱導に帰着し、けっきょくは、現状に背を向けた、出口のない悲観論や解決の見通しのない混迷へと、読み手をあやまり導くものです。

最後に、諸説の点検のなかで明らかになった、「ゲンパツ言説」に現れた科学技術・物質文明限界説の特徴と、そこから汲みだせるものを4点にわたってまとめておきましょう。

1．成長をやめるのでなく、社会の仕組み・分配のあり方の切り替えを

資源や富の大きな過不足や偏在に対して、生産／分配関係の再編成を通じて、より高いレベルの合理的な最適配分の実現を目指すという課題です。考え方の指針となる枠組み、いわば〝根本治療〟に相当します。国内外に飢餓と貧困、栄養不良、疾病、劣悪な居住環境、低識字率など問題が山積みしています。その解決のために必要なのは、科学技術や生産力の到達成果に背を向けたり伸長をストップさせたり、後戻りさせて禁欲的な精神生活に切り替えるなどという対処ではありえません。科学技

術の商業化、実用化を左右している社会経済の仕組み、政治経済の力学に着眼することです。優先されるべきは、科学技術や生産力の現代の歪んだあり方（「営利」優先と「軍事」利用）の総点検であり、資源や富の分配のあり方を生活者本位に、より有効で効率的な方向への切り替えに、着手するという課題です。

2. 社会の管理規制をつよめ、安全優先と格差是正の最適配分を

「高いレベルの最適配分」には、「均衡的社会的再生産」と「分配格差是正」とがかなめの軸となります。

現代における産・軍複合体制での資源・富の利用は、国民生活の安全安定を二の次にして「営利優先」＝利潤最大化と「軍事優先」＝破壊効果最大化とを追求する、歪んだ効率至上主義と切り離すことはできません。安全保障のコストは、目的に反したムダな非効率な「浪費」であり、営利事業体にとって必要最小限までぎりぎり削減することが、避けることのできない動機づけとなります。事業体の自己規律や自主規制にゆだねて解決を期待することは機構的にみて無理なのです。

社会の監視・管理や公的規制をつよめて、国民本位のバランスのとれた均衡的生産と格差をなくす公正な分配とを実現することを、制度的政策的に目指さなければなりません。

3. リスク補償を算入した公正な市場ルールで、脱原発・再生エネルギーの論議を

安全保障費用、裏返せばリスク補償費用を確実に担保させる原価計算を励行させること。原発電力価格を適切に市場ルールに適合させながら、ひろく公正に脱原発・再生エネルギーの可能性を追求する論議を築き上げる、具体的手だての課題です。

こんにちの日本国内54基の原発の普及には、国際原油価格の高騰や変動にさらされる火力発電に比べた、原発電力価格の安定した「低廉さ」が、市場受け入れの後押しをしたといわれています。しかしこの説明には原価計算上の大きな穴、欠落があります。①原発廃棄物（やっかいな放射性廃棄物）の処理費用がコスト計上されず、②耐用年数を迎えつつある原子炉の廃炉処理の費用が算入されず、③今回のような苛酷事故にそなえた、放射能汚染被害の補償も含めた巨額にのぼるリスク代償費用が算入されていません。製品保証の安全担保や環境保全のための諸費用は、市場ルールでは当然に算入されなければならないのに、そのコスト外し、コスト隠しが、まかり通っています。制御不能になるような巨大リスクを負った未熟未確立な技術のままの欠陥サービス（原発電力）の供給は、即刻見直されるべきです。脱原発・自然再生エネルギーを探る場合は、リスク補償費を担保させた厳正な原発電力価格アセスメントをふまえて、公正な市場ルールの適用を図ることを、論議の前提にすえるべきです。

4.「ゲンパツ言説」の文明限界説的思考の脱却へ

〈人間vs.自然〉、〈科学技術／物質文明vs.自然環境〉のように、単純化された二項対立の図式による思考パターンや議論の立て方の問題性です。ここでは、技術と自然の関連にもっぱら注意が注がれるだけで、社会的な政治経済に由来する要因・条件が看過されてしまいがちです。しばしば人為的制度的な原因や企業責任の真相があいまいにされおおい隠される傾向があることに、無警戒であってはなりません。「営利優先」と「軍事利用」に集約される今日の歪められた効率至上主義のもとで、焦眉の見据えるべき課題は、現代の科学技術のあり方をただし、資源や富の生産／分配上の大きな不均衡格差やアンバランスを改めること。国民生活本位の、安全に配慮した真の効率的で公正な、最適配分への組み替えを目指すことこそが、現実的な焦点というべきでしょう。

技術偏重の一面的思考パターンから、科学懐疑論や「反・科学合理主義」を吹聴したり、現代科学技術／物質文明の「限界説」を引き出して「反・科学技術／物質文明」にはしるのは、まったくのあやまった帰結です。ひいては、科学技術（生産力）や物質的豊かさの到達成果に背を向けて、価値観の転換やこころの充足を求める「未来社会」像のために精神論を説くことは、現状を直視することから人びとの目をそらしかねないのです。たんに誤っているというだけでなく、ことの真相解明と責任を免れさすという点で一役買うわけであり、犯罪的でさえあるといってよいでしょう。きびしく批判、指弾されなければなりません。

第2章　原爆と原子力発電の違いと共通点
――天然ウランの核分裂連鎖反応とプルトニウム生産の起源

拓殖大学教授・特定非営利活動法人科学史技術史研究所研究員　日野川静枝

1　20世紀の負の遺産――核技術からの脱却をめざして

今回の東京電力福島第一原子力発電所の事故は、わたしたち日本人にとっては4度目の核被害です。すなわち、それはヒロシマ・ナガサキ・ビキニにつづくフクシマとなってしまったわけです。

わたしはひとりの科学史・技術史研究者にすぎませんから、いま世界中が注視している福島の原子力発電所の事故を解説することはできません。ここでは、原子力発電所の原子炉のなかで生じているウランの核分裂連鎖反応がどのように着想され、どのような位置づけをもって人類初となる実験的確証を得ることになったのか、その歴史的事実をお話ししたいと思います。

わたしはつねづね、こうした歴史的事実をぜひ多くのみなさんに知っていただきたいと願ってきました。それは、この歴史的事実のなかにこそ、大量無差別の殺人兵器である原爆と原子力発電との密接な関連が、その真実が示されているからです。

20世紀につくりだされた原爆と原子力発電という核技術は、まったく異なるように見えるかもしれませんが、じつは同一の起源をもつものなのです。21世紀に生きるわたしたちは、いまこそ勇気をもって、これら20世紀の負の遺産である核技術から自由になる新たな選択をしたいと考えています。

2　ウランの核分裂連鎖反応の可能性――原子力（原子核エネルギー）解放の夢

シラードの発見

物理学の世界、特に原子核物理学の世界では、１９３８年の末にドイツで新発見がありました。それは、自然界に存在する一番重い元素である天然のウランの原子核が、核分裂を生ずるという発見でした。ちなみに、自然界に存在する一番軽い元素は何でしょうか？　そうです、水素ですね。このウランの核分裂の発見は科学上の大発見でした。当然、科学雑誌に発表されました。世界中の多くの実験室で追試され、この発見の正しさが確かめられます。

この新発見は、１９３９年1月、アメリカにすばやく伝えられます。これを聞いて心躍らせたひとりの科学者がいました。それはニューヨークで亡命生活をしていたハンガリー生まれのユダヤ人科学者、レオ・シラード（１８９８〜１９６４）です。科学者として特別有名でもない彼は、ドイツを逃れてアメリカに渡ってきましたが、受け入れてくれる研究機関がありません。そこでニューヨークにあるコロンビア大学向いのホテルに仮住まいをしていました。同じころコロンビア大学には、イタリアから家族で亡命してきたエンリコ・フェルミ（１９０１〜１９５４）がいました。フェルミは１９３８年にノーベル物理学賞を受賞した科学者ですから、コロンビア大学に正規のポストを与えられていました。

シラードは、ウランの原子核が分裂するときに放出されるエネルギーを想定し、もしもその原子核分裂が連鎖的に反応を起こすならば、人類は原子核エネルギーを、すなわち原子力を手にすることができるのではないかと考えました。そのためにはまず、1個のウラン原子核が分裂するときに何個の中性子が放出されるかを知らなければなりません。もしも、2個以上の中性子が放出されるならば、原子核分裂の連鎖反応は可能です。

彼は友人から2000ドルの大金を借りて、1ヵ月125ドルの賃貸料を支払う1グラムのラジウムを入手します。イギリスからとりよせたベリリウム塊とくみあわせて中性子線源をつくるのです。1939年3月3日、シラードはコロンビア大学の研究者と共同でウランの核分裂の実験をしました。その結果、何個の中性子が出ているかは不明でしたが、とにかく中性子が放出されていることは明らかでした。

「アインシュタインの手紙」はシラードによるものだった

シラードはヨーロッパで戦争がはじまるだろうと確信していました。こんなときにウランの核分裂連鎖反応の可能性が明らかになることを、とても心配しました。それは、ヒトラーが政権をとっているナチス・ドイツでも、ウランの核分裂連鎖反応の研究が進められているのではないだろうかと考えたからです。

同時に、人類に原子力の解放をもたらすこの研究は、これからは財政援助が容易に得られるだろうとも考えます。その間に、フランスの科学者たちが1個のウランの原子核分裂によって3・5±0・

７個の中性子が放出されることを、科学雑誌『ネイチャー』に発表します。つまり、この数値が正しいならばウランの核分裂連鎖反応は可能ということです。

しかし、シラードの楽観的な予測に反して、彼はどこからも研究のための財政援助を得ることができませんでした。シラードは、ついにアメリカ大統領に直訴することを考えます。シラードの回想によれば、「政府と物理学者との間の恒久的なつなぎ目として働けて、政府官庁に勧告をおこない、実験の進展を促すため民間の寄付を受けられるような、二重の役割を果たせるような人物を大統領が任命することを期待」したということです。

名もないシラードは、同じくアメリカに亡命していた知人でもある有名なアインシュタインに相談して、シラードの書く大統領あての手紙にアインシュタインが署名することになったのです。こうして、１９３９年８月２日付けのＦ・Ｄ・ローズヴェルト大統領あての「アインシュタインの手紙」が誕生します。

確かにこの手紙には、「非常に強力な新型爆弾」の製造の可能性も言及されています。しかし、この時点でシラードが研究していたのは遅い中性子による天然ウランの核分裂連鎖反応です。もしもそれを「爆弾」と呼ぶなら、それは実現不可能な「爆弾」の構想であったといえましょう。なぜなら、現実に広島を攻撃したウラン爆弾は、天然ウランから分離されたウラン２３５のみを原料として、さらに遅い中性子ではなく速い中性子による核分裂連鎖反応を実現したものだからです。

核分裂連鎖反応のしくみ

ここで、シラードが着想したウランの核分裂連鎖反応を説明しましょう。それは、天然ウラン（核

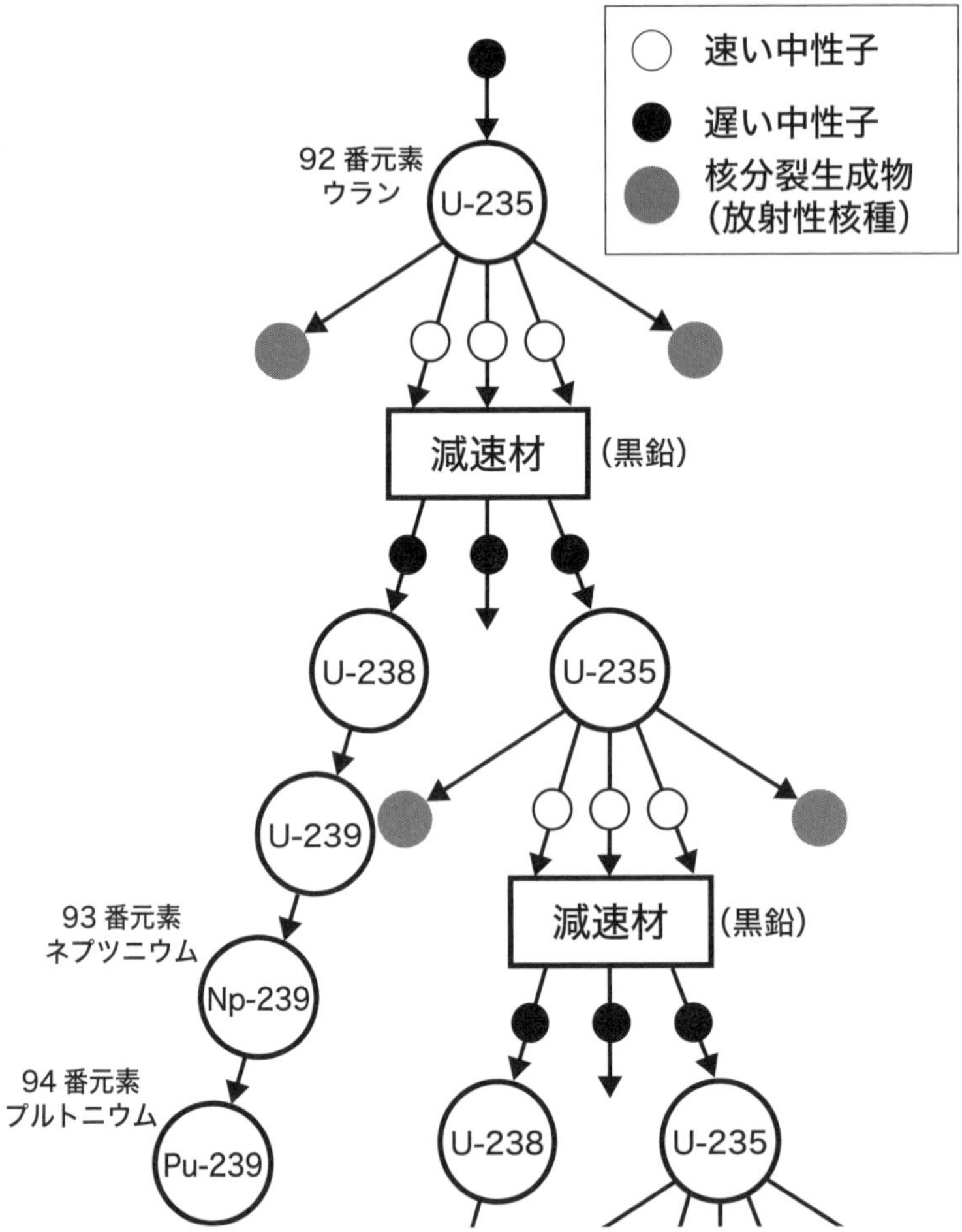

図　天然ウランの核分裂連鎖反応とプルトニウムが生成する原子核反応
(日野川作成)

燃料）と黒鉛（減速材）を組み合わせて核分裂連鎖反応を実現させようとするものです。天然ウラン中に、質量数２３５のウラン２３５は約０・７％含まれ、他は質量数２３８のウラン２３８です。制御可能な核分裂連鎖反応を実現して原子核エネルギーを利用するには、遅い中性子による核分裂連鎖反応を生じさせる必要があります。しかし、遅い中性子で核分裂を生ずるのは、ごく微量含有しているウラン２３５のみです。ウラン２３８は遅い中性子で核分裂を生じません。そのため現在の原子炉では、ウラン２３５の含有量を高めたウランを核燃料とし、それを濃縮ウランと呼んでいます。同じウラン元素でもウラン２３５とウラン２３８の原子核特性は、このように異なっているのです。

図を見て説明しましょう。図の上から下へ、右側をたどってください。遅い中性子がウラン２３５に衝突しますと、ウラン２３５は核分裂して２つの核分裂生成物を生じます。この核分裂生成物が、ヨウ素１３１やセシウム１３４などのような種々の放射性核種と呼ばれるものです。同時に核分裂によって速い中性子も放出されます。この速い中性子は、減速材の黒鉛と衝突してエネルギーを失い、遅い中性子に変わるのです。この遅い中性子がふたたび別のウラン２３５と衝突すると、また核分裂が繰り返されます。これが、シラードが着想した遅い中性子によるウランの核分裂連鎖反応のしくみです。

３　人工元素プルトニウムの生成——60インチのサイクロトロンを使用した超ウラン元素の研究

核分裂連鎖反応で必然的に生じるプルトニウム

みなさんは、今回の事故でプルトニウムという物質名をよく聞かれていることでしょう。

じつは、原子炉のなかでウランの核分裂連鎖反応が生じますと、このプルトニウムが必然的につくられてしまうのです。正確には、原子番号94番元素、質量数２３９のプルトニウム２３９です。

これは長崎を攻撃したプルトニウム爆弾の原料と同じものです。ウランの核分裂連鎖反応と原爆原料づくりとが密接に関連していることがわかります。地球温暖化対策として原子力発電技術を輸出するといわれますが、それは核兵器原料の生産技術を輸出することにもなると、わたしは考えています。この事実をしっかり認識していただきたいと願っています。

それでは次に、プルトニウムに関連する歴史のお話をいたしましょう。そもそもプルトニウムは、原子番号94で自然界には存在しない人工元素です。先ほども述べましたように、自然界に存在する最も重い元素は原子番号92のウランです。つまり、プルトニウムはウランよりも重い、人工的につくられた超ウラン元素なのです。こうした超ウラン元素の研究は、アメリカのカリフォルニア大学で世界最大のサイクロトロン、磁極面直径60インチのサイクロトロンを使用してなされました。

プルトニウム軍事利用への道

１９４０年6月、カリフォルニア大学のE・マクミランとP・H・アーベルソンは「放射性元素93番」という論文を発表します。これは、まったく自由な科学研究でした。

しかし、すでに戦時下にあったイギリスの状況は異なります。公表されたこの論文に注目したケンブリッジ大学のN・フェザーとE・ブレッチャーは、原子力エネルギーの戦時的な利用可能性を検討するために設置されたモード委員会に、「熱中性子による連鎖反応を生じている装置内で生成されうる新元素94番の核分裂可能性」を報告します。もちろん、彼らのこの報告は軍事機密となり公表されることはありません。

彼らは、シラードが着想したような天然ウランの核分裂連鎖反応によって原子番号93番の元素が生成し、さらにその93番元素は94番元素へと放射性壊変するだろうと予測しました。この93番元素がネプツニウムと呼ばれ、94番元素がプルトニウムと呼ばれる超ウラン元素です。さらに彼らは理論的研究によって、そのプルトニウムがウラン２３５と同じ原子核特性を持って原爆原料となる可能性を指摘しました。

再び、先程の図を見ながら説明しましょう。図の上から下へ、今度は左側をたどってください。減速材の黒鉛と衝突して遅い中性子に変わった中性子は、天然ウランの主成分として約99・３％含まれるウラン２３８と衝突します。すると、その遅い中性子はウラン２３８に吸収されます。中性子を吸収したウラン２３８は、質量数が１増えて、ウラン２３９となります。ウラン２３９は放射線（ベータ線）を放出して93番元素ネプツニウム２３９に変わります。同様にネプツニウム２３９も放射線（ベータ線）を放出して、94番元素プルトニウム２３９に変わるのです。こうして原子力発電所の原子炉内では、好むと好まざるとにかかわりなく、94番元素プルトニウム２３９が生成されることになるのです。

ところで注目されているプルトニウム２３９は、ウラン２３５同様に原爆原料となるような原子核特性を持つのでしょうか。それを確かめるには、サイクロトロンによって人工元素のプルトニウムを生成する必要がありました。国内でプルトニウムを生成できるような大型のサイクロトロンを持たなかったイギリスは、１９４０年12月末に、フェザーとブレッチャーの理論的予測が正しいものかどうかを確かめるようにと、モード委員会を通じてアメリカに実験の依頼をします。

ローズヴェルト大統領の原爆製造命令

一方のアメリカでもほぼ同じときに、イタリアからの亡命科学者フェルミを含め、カリフォルニア大学でサイクロトロンの開発を推進してきたE・O・ローレンスなどが、モード委員会と同様の認識をもちます。1941年春にローレンスたちは、自分たちの60インチのサイクロトロンを使用してその実験をおこないます。確かに、プルトニウム239はウラン235と同じ核分裂特性をもっていました。

しかし、参戦こそまだですが、アメリカの科学研究の状況は一変していました。すでに参戦を見越して、1940年6月には科学・技術の戦時動員体制づくりの第1段階と位置づけられる国防研究委員会が設立されていました。

ローレンスたちの研究もこの国防研究委員会との研究契約にもとづいてなされ、実験結果はイギリスにも知らされず、国内ではフェルミにも内緒にするほどの軍事機密となりました。そのために1941年7月に提出されたイギリスのモード委員会報告書には、ウラン爆弾の実現可能性は明示されていますが、プルトニウム爆弾の実現可能性は示すことができなかったのです。

アメリカでは、参戦の2ヵ月前の1941年10月9日、イギリスから送られてきたこのモード委員会の報告書にもとづいて、ローズヴェルト大統領は原爆製造命令を下します。しかしこのとき、プルトニウム爆弾の可能性については大統領にも知らされませんでした。この大統領命令にもとづいて原爆の研究開発を担当する組織が、1941年6月に設立された科学・技術の戦時動員体制づくりの第2段階と位置づけられる科学研究開発局です。

4　プルトニウム爆弾原料の大量生産方法——天然ウランの核分裂連鎖反応の実現

いちはやくプルトニウム２３９の核分裂特性を実験的に確証したローレンスは、１９４１年7月に「94番元素の核分裂に関する覚書」を書いてプルトニウム爆弾構想を示しています。しかし、サイクロトロンで生成されるプルトニウムの量は、マイクログラム（10^{-6}グラム）のオーダーです。爆弾原料にするプルトニウムの量はキログラムのオーダーです。そこには数十億倍の差があります。

どのようにすればこの多量なプルトニウムを生成できるのでしょうか。そのためには、天然ウランを使用する核分裂連鎖反応を実現する以外にありません。ここでシラードの着想したウランの核分裂連鎖反応は、原子核エネルギー利用の可能性とは異なる目的、すなわちプルトニウム爆弾原料の大量生産方法として新たな注目をうけることになります。

しかしこの時点では、シラードの理論研究がその実現可能性を示しているものの、ウランの核分裂連鎖反応の実験的研究は進んでいません。ましてや技術的にはまったく未知のものでした。そのために、ローレンスの覚書も本格的にとりあげられず、また大統領へも知らされなかったと考えられます。実際、12月6日の科学研究開発局の会合では、今後原爆開発に全力をあげることが確認されますが、原爆原料プルトニウムの大量生産に着手することは拒否されます。

参戦を機にアメリカでプルトニウム爆弾開発が決定

ところが日本軍の真珠湾攻撃によって、アメリカの国内世論は厭戦的なものから好戦的なものへと変わり、ついに参戦となります。その直後の１９４１年12月9日、この日の非公式会談で科学研究開発局局長のV・ブッシュ、国防研究委員会委員長J・B・コナント、そしてシカゴ大学の物理学者A・H・コンプトンはそれまでの方針を変えて、プルトニウム爆弾の開発を決めるのです。そのためにはどのような危険を冒しても、天然ウランの核分裂連鎖反応を実現しなければなりませんでした。

戦後の原子力開発を視野に入れたプルトニウム爆弾製造

それからほぼ半年間、おもにシカゴ大学の冶金研究所でその研究開発がなされ、1942年6月にはついに、その「連鎖反応炉（a chain-reacting-pile）」はつくり得るという結論に達します。このとき初めて、ブッシュとコナントは大統領にウラン爆弾構想とならんでプルトニウム爆弾構想を伝えます。そして同時に、原爆製造への軍の本格的関与の決定を大統領に迫りました。

その結果、陸軍技術本部内に「マンハッタン管区」が新設されることになるのです。この時点から、原爆の開発・製造への軍と企業の関与が本格化します。

さらに、実際に天然ウランの核分裂連鎖反応が実験的に確証される1942年12月2日以降は、このプルトニウム爆弾づくりの位置づけが変わります。それは、単純に戦争に勝利するための新兵器の開発という目標にとどまらず、戦後世界に展開するだろう原子力開発と関連づけられるのです。

ブッシュは「現状と将来計画」と題する報告を大統領に提出しますが、そのなかで次のように述べています。原子力開発、つまりシラードの構想した原子核エネルギーの利用が、副産物としてプルトニウム爆弾を生じるならば、アメリカはいちはやくそのプルトニウム爆弾についての「完全な理解」を持って戦後計画に着手するべきであると。そのためには、プルトニウム爆弾が実現可能かどうかを確かめるために、もしもこの戦争がプルトニウム爆弾の完成前に終ってしまっても、プルトニウム爆弾製造はつづけるべきだと。

こうした戦後の原子力政策と関連する新たな位置づけを持って、プルトニウム爆弾は製造されたのです。それは、１９４５年7月16日未明、ニューメキシコ州アラモゴードの砂漠でなされた人類最初の核実験に使用され、８月９日の長崎攻撃に実戦使用されました。

5　フェルミの警告――戦争のある世界で、原子力の平和利用はありえない

以上、シラードの着想したウランの核分裂連鎖反応の実現という原子力解放の夢が、いかにして大量無差別の殺人兵器であるプルトニウム爆弾を生ずることになったのか、その歴史的事実をお話ししました。

シラードとともにその初期から研究にかかわってきたフェルミは、戦後間もなくの講演で、「軍事的潜在力の破壊的使用をやめさせるという難題への満足な解答が見出されるまでは、わたしたちは残念ながら原子力の平和利用が人類にとって非常にすばらしいものになるのを期待できない」と警告しています。

わたしたちは、今もって世界のどこかで戦争が続いている時代に生きています。地震列島の日本で、「安全神話」を振りまきながら政・官・産・学によって強力に推進されてきた原子力行政の裏には、フェルミの警告にある「軍事的潜在力の破壊的使用」という隠された目論見があったのではないかと危惧してしまいます。

みなさんは、どのような感想をお持ちでしょうか？

第3章　放射線内部被曝の人体への影響

岐阜環境医学研究所　松井英介

1　福島原発事故による健康障害

これからどうやって生きていこうか？　程度の差はあっても、今回の原発事故に遭遇して、自分自身の人生や小さい子どもの将来について考えている方は多いのではないでしょうか。各地で行なわれている勉強会には、主催者の予想を超える人びとが集まります。新入生歓迎の企画として、あえて深刻なこのテーマを取り上げた学生たちもあります。東京、大阪、名古屋などでは高校生や若者が呼びかけたデモに多くのひとが参加しています。久しくなかったことです。

一方、政府や東京電力職員や大学教授らは、テレビに登場して、「直ちに健康への影響はない」などと繰り返しています。厚生労働省のホームページを見ると、「妊娠中の方、小さなお子さんをもつお母さんの、放射線へのご心配にお答えします～水と空気と食べ物の安心のために～」というタイトルのパンフレットを読むことができます。そこには、母乳も水道水も空気も食べ物も、心配せずに今までどおり与えてよいと書いてあります。今回の原発事故がレベル7だと発表された後も、記述は変わっていません。

今回の事故報道に接して、私が一番奇妙に思うことは、私たちの暮らす自然環境に放出された放射線による内部被曝の危険性についてほとんど触れられないことです。もうひとつの不思議は、時を経て出てくる先天障害や白血病・がんなどの晩発障害には、ほとんど触れられないことです。

もちろん急性障害がないわけではありません。今こうしている間にも、いのちを削りながら事故を起こした原発の現場で働いている延べ何千人（何万人かもしれません）もの方がたがいらっしゃいます。無防備な状態で作業をしていて足の皮膚に火傷を負い、放射線医学総合研究所に入院した作業員のことは報道されましたが、高度に汚染された現場あるいは現場近くで働いているひとの健康状態に、私たちはもっと想いを馳せるべきだと思うのです。原発内作業によって多量の放射線を浴び、29歳で亡くなった青年のことは、後でご紹介します。

自分のいのちとまわりのいのちの関わり

さて今回の放射線事故を、みなさんはどのように受け止められたでしょうか。

私たちは、空気なしでは生きていけません。私たちのからだは水でできているといっても過言ではありません。私たちヒトの祖先である小さな生き物は、海で産まれたと言われています。私たちのからだの7割、乳児の場合は8割が、海の水に近い組成をもった水です。ナトリウムやカリウムなど塩分がバランスよく保たれた環境＝内部環境の中で私たちの細胞は生きています。

ホルモンの変動にあわせて微調整しながら、体温は一定に保たれています。心臓は私たちがこの世に生を受けてからずっと一定のリズムを刻み続けています。このようないのちの恒常性に支えられて、私は、今ここにいます。そして私は、植物とは違って、ほかの生きもののいのちを自らのからだに取り込むことなしに、生きていくことができないのです。

今回の事故は、あらためて、私に自分自身のいのちとまわりのいのちの関わりを考えさせてくれました。

大量の放射性物質を海に放出するとき、あるひとはこう言いました。「海の水で薄まるから、大丈夫！」。そのひとは、海には生き物がいっぱいいることを忘れていたのかもしれません。放射性物質をプランクトンが取り込み、それを小さな魚が食べ、その小さな魚を大きな魚が食べる。生態系の中でこのような食物連鎖を繰り返すうちに、放射性物質がだんだん濃くなることをご存知なかったのでしょう。

陸上でも同じです。乳牛は空気を吸って生きています。空気が汚染されれば、汚染物資を空気とともに肺の中に取り込みます。できるだけ自然な条件で育てようとしている畜産農家の乳牛は、アメリカ産の配合飼料ばかり食べているわけではありません。外に出て草を食べます。土も食べます。草や土が汚染されていれば、それも一緒にからだの中に取り込みます。茨城産の牛乳からセシウムが検出されたのは、そのためでした。

今回の事故の後、放射性物質は、風の向きによっては数百㎞離れたところまで運ばれました。群馬産の野菜からセシウム１３７が検出されたのは、風や雲と一緒に運ばれ、土の上に降り積もり、地下水にも浸透していたセシウムの小さな粒を野菜が自らの体内に取り込んだ結果でした。放射線は距離の２乗に反比例して弱くなるから、福島から２００㎞も離れた東京は大丈夫と言ったひとがいましたが、雨雲とともに運ばれてきた放射性物質を含んだ水道水を飲んだ場合、それはすぐ側にあるのです。細胞の間に留まった放射性物質の小さな粒子は、距離が近いだけに、まわりの細胞に照射される放射線の強さは半端ではないのです。

胎児や小さな子どもは、細胞分裂の速度が速く、代謝もおとなよりはるかに活発です。体重あたりでみると、甲状腺に取り込むヨウ素１３１の量もずっと多いのです。カリウムはナトリウムなどとともに重要な塩分（電解質）ですが、カリウムと似た化学的性質をもったセシウム１３７の影響は、子どもにとってずっと深刻だと考えなければなりません。

子どもたちの健やかな成長に不可欠な、澄んだ空気、水、土、山、川、母なる海、そしてそこに生きるさまざまな生き物たち。それらのゆりかごを奪ってはいけないのです。

2　チェルノブイリ原発事故から学ぶ

１９８６年４月26日、ソビエト連邦（現ウクライナ）のチェルノブイリ原子力発電所４号炉で起きたのは、人類史上最悪の事故でした。後に定められた国際原子力事象評価尺度のレベル７とされました。今回の福島原発事故もそれと同じレベル７と評価されました。

当初ソ連政府はこの事故を隠しましたが、事故翌日の27日にスウェーデンのフォルスマルク原発でこの事故による放射性物質が検出され、世界中が知るところとなったため、28日に発表に踏み切りました。ソ連政府が近くに住む住民の避難措置を直ぐにとらなかったため、住民は大量の放射性物質を浴びることになりました。５月３日には日本でも、雨水から放射性物質が検出されました。ソ連政府は炉心内への鉛の大量投入、液体窒素を使って炉心を周囲から冷やす処理を行ない、5月6日までに大規模な放射性物質の漏出は止まったと発表しました。

事故から1ヶ月後までに原発から30㎞以内の住民11万6000人は、全員避難を余儀なくされました。しかし、留まった人もありました。本橋成一さんのドキュメンタリー映画「アレクセイと泉」は、故郷に住み続けることにした年寄りたちとひとりの若者・アレクセイの物語です。そして、もうひとりの主人公が、数百年前の汚染されていない水がこんこんと湧き出る泉なのです。

高濃度の汚染は、ウクライナだけでなくベラルーシやロシアにも拡がり、多くの健康被害をもたらしました。事故を起こした4号炉をコンクリートで封じ込める（石棺）ために、延べ80万人もの人びとが、国内だけでなく外国からも動員され、この人びとからも健康障害が多発しました。

この事故の原因は、運転員の教育不足やいくつかの技術的不備が複合的に重なったためだとされていますが、20年後の報道には、原子炉の暴走中に起った直下型地震が爆発につながったとするものもあります。

事故25周年を記念して、２０１１年4月6日から8日までドイツのベルリンで国際会議が開かれました。その会議のプログラムとレジュメなどは、次のウェブサイトで読むことができます。ＮＨＫなど大手のテレビ番組では、今もチェルノブイリ事故の被害を過小評価したり、甲状腺がん以外のがんはなかったなどとコメントする〝専門家〟を登場させたりしていますので、ぜひとも自分の目で確認してください。

http://www.strahlentelex.de/tschernobylkongress-gss2011.htm

http://www.strahlentelex.de/Abstractband_GSS_2011.pdf

http://www.strahlentelex.de/Yablokov%20Chernobyl%20book.pdf

チェルノブイリ事故後の影響

この間にウクライナやベラルーシで確認された先天障害やがんのデータのいくつかを、Annals of the New York Academy of Sciences の論文から紹介します。

まず、ベラルーシからの先天障害に関するレポートです。表3－1をみてください。高度汚染地域

TABLE 5.69. Incidence of Officially Registered Congenital Malformations (per 1,000 Live Born + Fetuses) in 17 Heavily and 30 Less Contaminated Districts of Belarus (National Belarussian Report, 2006)

Districts	1981–1986	1987–1988	1990–2004
A. Heavily contaminated	4.08	7.82	7.88**
B. Less contaminated	4.36	4.99*	8.00**

*$p < 0.05$, *A compared to B (1987–1988); **$p < 0.05$, 1981–1986 compared with 1990–2004.

表3－1

Annals of the New York Academy of Sciences

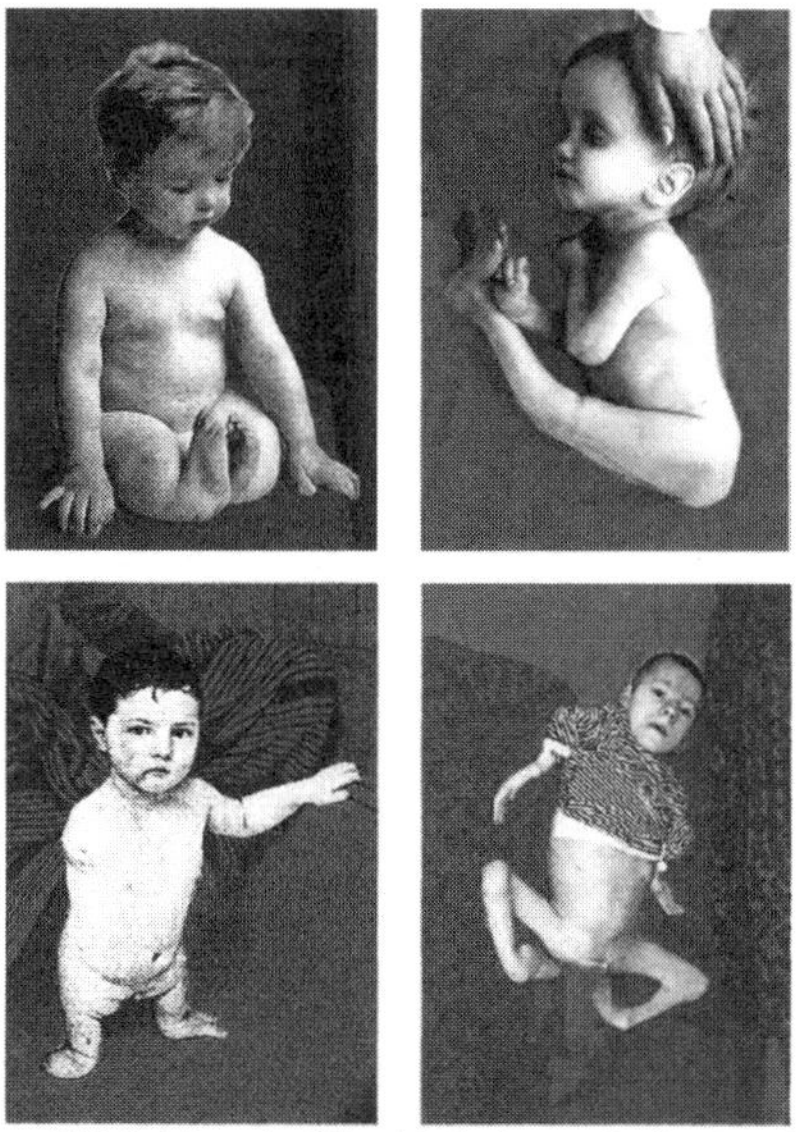

Figure 5.15. Typical examples of Chernobyl-induced congenital malformations with multiple structural deformities of the limbs and body (drawing by D. Tshepotkin from *Moscow Times* (April 26, 1991) and from www.progetto.humus).

写真3－2

で生きて産まれた新生児1000人の中に、事故の前には4・08だった先天障害が、事故後の1987年から88年には7・82と倍近くに増えています。写真3-2は、脚や腕や胴体の先天障害を背負った子どもたちです。

つぎにがんのデータです。ベラルーシでは、甲状腺がんが子どもおとなともに事故3年後から急激に増えています（図3-3）。

図3-4には、セシウム137高濃度汚染地域で、事故後10年余り経った1997年ころから乳がんが急激に増えている実態が示されています。

図3-5は、肥田舜太郎さんが厚生労働省のデータをもとに作られたグラフです。事故から10年以上経った1996年から98年にかけて、東北関東地方の乳がん死亡者が急激に増えていることがわかります。図3-6は気象庁秋田観測所が計測したセシウム137の降下量です。50年代から60年代にかけての米英仏ロによる、また70年代の中国による大気圏内核実験による降下量に比べても、チェルノブイリ事故の影響がけた外れに大きいことが示されています。

今回の福島原発事故によって自然環境中に排出される放射性物質は、チェルノブイリより多いとの予測があります。その理由は、チェルノブイリが1基だったのに対して今回は4基。運転開始から間もなかったチェルノブイリに比べ、日本では数十年間運転を続けてきたため、日本の原発には大量の使用済み燃料や核廃棄物が蓄積されていることは、東電自体も認めています。それに加えて今回は、大気中のみならず海洋汚染を世界中にもたらしたという意味で、後になって出てくる様々な晩発障害もいっそう深刻だと評価しなければならないのではないでしょうか。

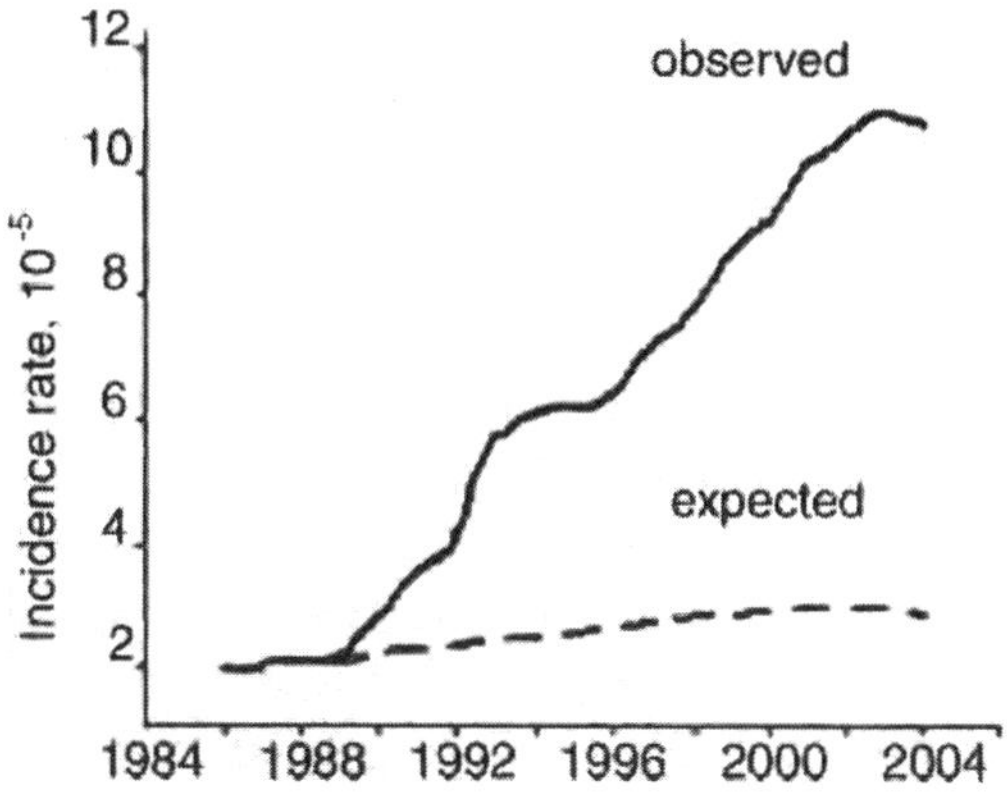

Figure 6.4. Prospective (by pre-Chernobyl data) and real data of thyroid cancer morbidity (per 100,000) for children and adults in Belarus (Malko, 2007).

図3－3

Annals of the New York Academy of Sciences

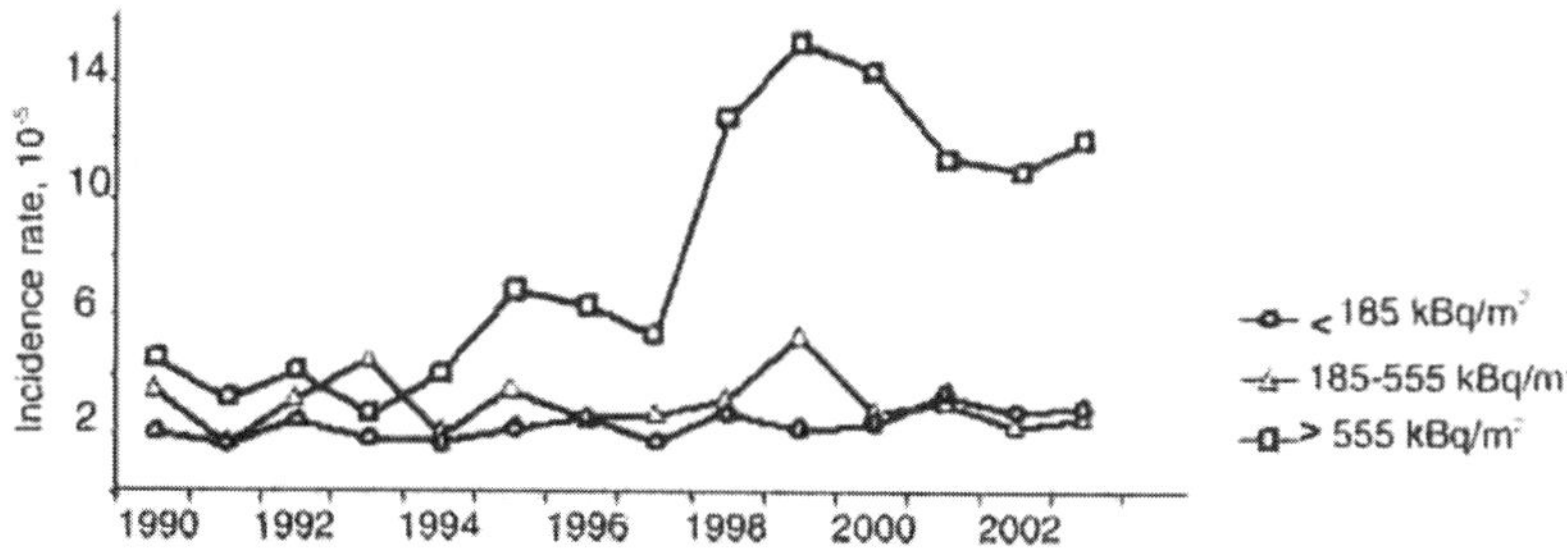

Figure 6.20. Breast cancer morbidity (women, per 100,000) in Gomel Province with various levels of Cs-137 contamination (National Belarussian Report, 2006).

図3－4

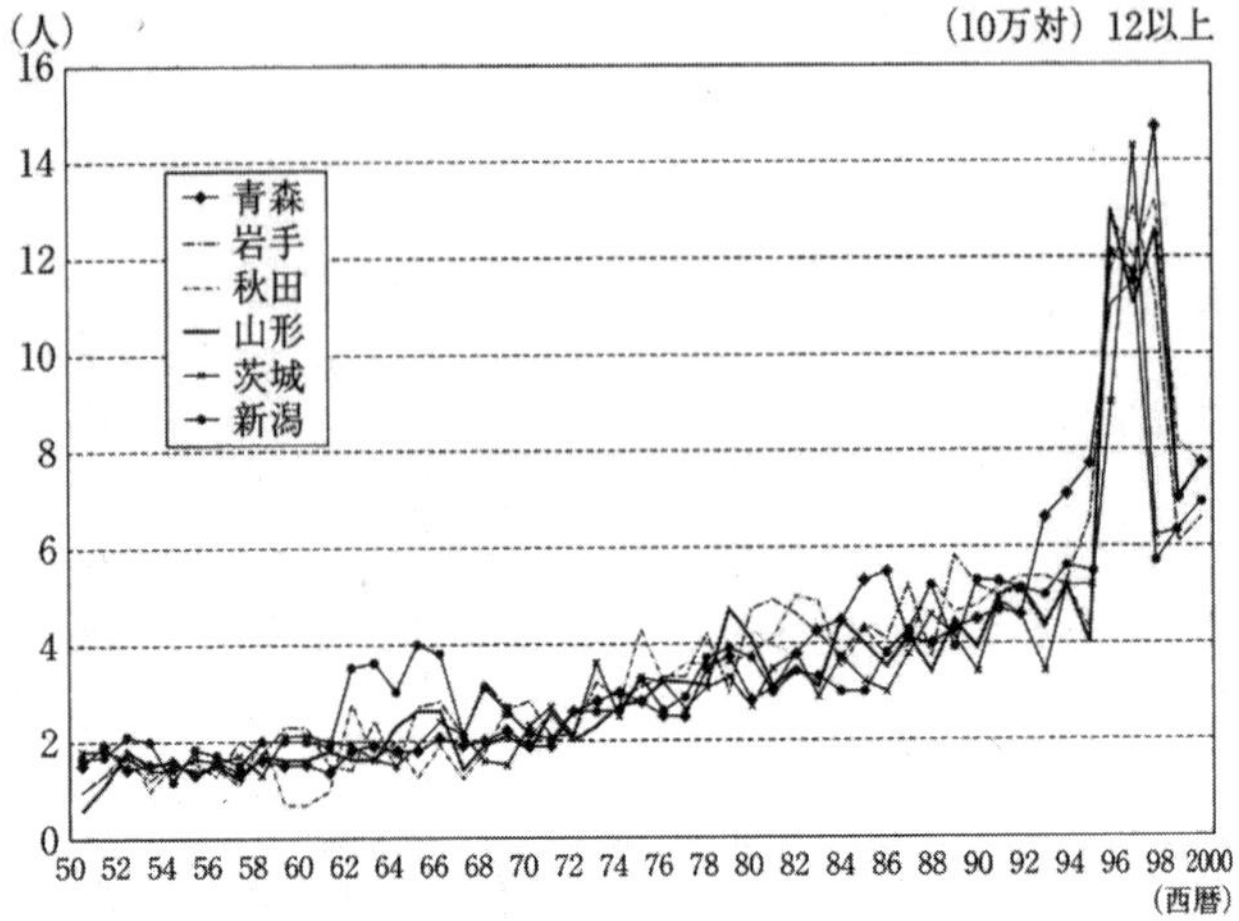

図3-5　青森・岩手・秋田・山形・茨城・新潟の乳がん死亡者数
(厚生労働省のデータより作成)

出典：肥田舜太郎、鎌仲ひとみ著『内部被曝の脅威—原爆から劣化ウラン弾まで』2005年、ちくま新書

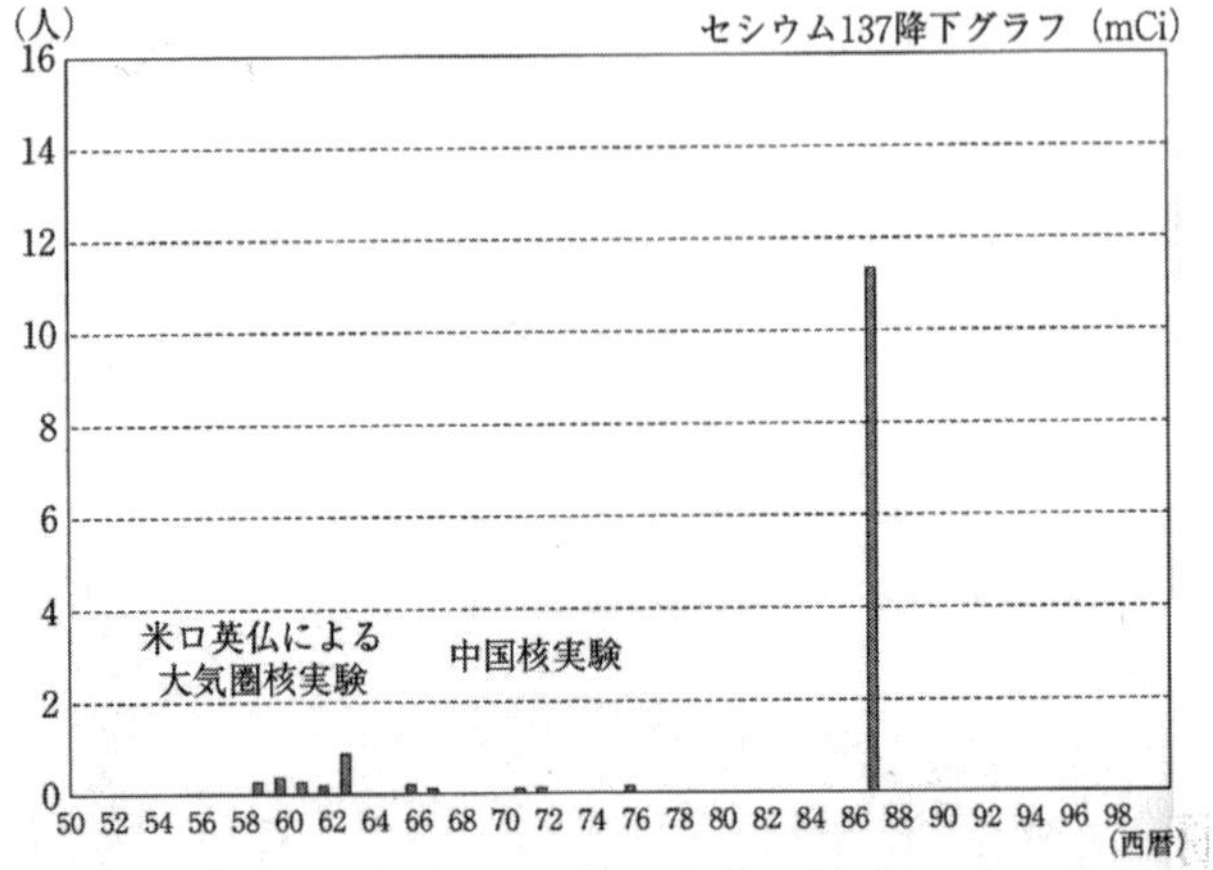

図3-6　秋田におけるセシウム137の降下量
(厚生労働省のデータより作成)

出典：肥田舜太郎、鎌仲ひとみ著『内部被曝の脅威—原爆から劣化ウラン弾まで』2005年、ちくま新書

3　内部被曝とはどのようなものか

放射線と電磁波――エックス線について

多くの人にはなかなかイメージすることがむずかしい内部被曝の話に入る前に、放射線の話から始めましょう。放射線は物質を透過する力を持った光の仲間で、放射線を出す能力を「放射能」といい、この能力をもった物質のことを「放射性物質」といいます。そして、人体が放射線に曝されることを「被曝」と言います。

私たちに一番身近な放射線は、健康診断の胸部撮影で使われるエックス線（X線）です。X線撮影のときの「被曝」は、身体の外からX線を照射しますので、外部被曝になります。ある人が、「レントゲンのない医療はない」と言いましたが、X線を使わなければ、体の中で起こっている病気の診断をするのは難しかったのです。

レオナルド・ダ・ヴィンチの時代から人間の体の構造はかなり解明され、日本でも、杉田玄白たちが腑分け（解剖）をやり、体中の構造はよく知られていました。手術、あるいは死後に解剖すれば体の中で起こっていたことがわかります。しかし、手術や解剖をせずに診断するのは難しく、X線が発見されるまでは、触診、打診、視診、望診を、また漢方では脈診や舌診などを総合して病気を診断していました。

１８９５年11月にドイツの物理学者であるW・C・レントゲンによってX線は発見されました。それは、画期的なことでした。その年のクリスマス、正月をみんな返上し、世界中の医者がそれに注目

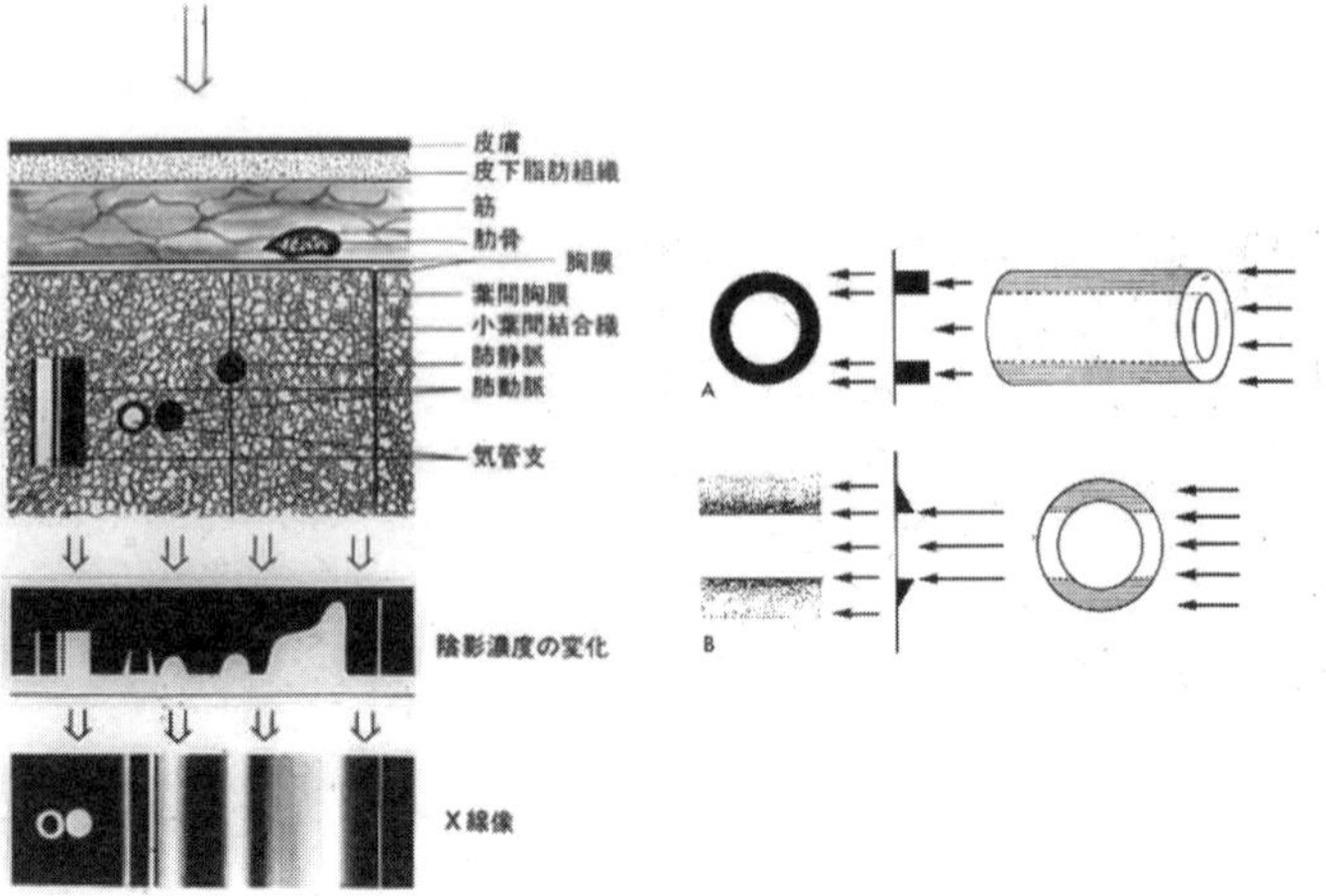

図3－7　Ｘ線撮影の仕組み

し、実際にその技術を使い、いろいろなものを撮影しました。そのようにして、Ｘ線で診断をする時代に入っていきます。

レントゲンは、いくつかの真空管でいろいろな実験をやっていて、その一つから出ていたある線が暗箱の中に置かれた写真乾板を感光させたのです。光は通らないが、ものを透過する特殊な線があることに気付きました。それがＸ線（未知のものなので、数学の未知数を表わす「Ｘ」の文字を使った）です。そして、すぐに短い論文が書かれ、世界中でそれが読まれることになります。

Ｘ線は、可視光線、紫外線、赤外線と同じ波の性質をもっていて、直進、反射、散乱、干渉という物理的な性質は共通しています。大事なことは、「距離の２乗に反比例して減弱」することです。

Ｘ線と普通の光とどこが違うかというと、Ｘ線はものを透過する性質を持っているということです。たとえば人間の体を透過させ写真撮影する、あるいは蛍光板で見ることができます。それが、Ｘ線透視の技術です。どの光も進む過程で吸収されていきますが、Ｘ線も人間の体で吸収されながらも突き抜けて反対側に出ていきます。それを「透過X線」と言いますが、透過X線には体の中で受けた吸収の度合いの違いが反映され出ます。その透過したX線のエネルギー強さの差を白と黒のコントラストに置き換えて、白と黒の画像を作るわけです。よく透過してエネルギーの強いところほど黒くなります。

たとえば、肺は約9割が空気で細胞の密度は低いのでX線は透過しやすいのですが、ぎっしり細胞が詰まっている肝臓は吸収を受けやすい。それが白と黒の濃淡の違いとなって表現されます。つまり、物質の密度に比例して吸収を受けるのです。また、厚みにも比例することがわかっています。

もう一つ大事なことは、そこの組織を構成している物質の原子番号です。たとえば人間の体には、炭素、水素、酸素、窒素、カルシウムなどが含まれますが、それぞれに原子番号があり、その原子番号の3ないし4乗に比例して吸収を受けるのです。原子番号が高ければX線は非常によく吸収され、反対側に出てきません。骨にはカルシウムがたくさんあって原子番号が高いので、よく吸収され画像としては白くなります。

細胞への影響

もう一つ重要な問題は、X線によって体の細胞が影響を受け、いろいろなイオン化が起こることです。たとえば、人間の体は7割――子どもだともう少し比率が高いのですが――が水です。放射線が体を透過したときに、水の分子が水素イオンと水酸基イオンに分解されます。これを「イオン化」と言います。このように、分子をイオンに分解することができる放射線を「イオン化放射線」と言います。

例えば、水は「H_2O」ですが、放射線によって分解された水素イオンと水酸基イオンがくっつい

生成物	˙H	˙OH	e_{aq}^-	H_2	H_2O_2
G値	0.55	2.7	2.7	0.45	0.75

表3−8　イオン化の仕組み（水の放射線の分解産物と収率〔pH6.0〕）
出典：『放射線医学大系 34　放射線物理学』1984 年、中山書店

て「H_2O_2」＝過酸化水素になります。これは非常に強力な化学作用をもっていて、昔は「オキシフル」や「オキシドール」など、消毒に使われていました。つまり、微生物を殺す力・静菌作用がある物質が人間の細胞の中にできるのです。それによって、細胞の中の小さな器官である染色体・遺伝子が損傷を受ける、それが「被曝」です。

Ｘ線は、人間の体の中の構造を生きながらにして写し出します。そして、心臓の大きさや形がどうなっているか、胃の粘膜の状態はどうか、一部ががんに変わっていないか、肺の中に結核病巣があるか、肺がんが塊を作っていないかといったことを、メスを入れずに診断できます。そういう点で非常に強力な診断技術になりました。そしてさらにコンピュータ技術が発達し、それらを組み合わせることにより、白と黒とのコントラストをもっと細かく見分けられるようにしたものがＣＴです。

ＣＴは「Computed Tomography」の略で、「トモグラフィー」は断層という意味です。人間の体を輪切りにして、中の細かい変化を読み取るという断層撮影の技術で、非常に普及しており日本では盛んに使われています。ただ、放射線被曝という問題があるので、それを十分考慮したうえでＣＴを使わなければいけません。

分子をイオン化する力のない「非イオン化放射線」を一般には「電磁波」と言います。いま、携帯電話が大変な勢いで普及し、子どもまでが持つようになって

いますが、携帯電話は電磁波を発生させます。身体に近いところで絶えず使っていれば、非イオン化放射線であっても、やはり細胞に影響を与えます。主に、「熱作用」と言われていますが、頭の小さな子どもの場合、反対側の脳にまで電磁波の影響が及びます。それによって脳腫瘍や眼球の腫瘍の発症がかなり高くなるというデータが、ヨーロッパではすでにいくつか出されています。「16歳までは携帯電話を使わせるべきでない」というガイドラインを出している国もあります。

先ほど、放射線は距離の2乗に反比例して弱くなると話しましたが、もう少し具体的に言うと、距離が2倍になれば4分の1になり、3倍になれば9分の1、4倍になれば16分の1というように、エネルギーが小さくなります。電磁波もX線も同じです。

X線の診断をする部屋の外にX線が出てはまずいので、防御する工夫を施しています。鉛は、非常に原子番号の高いものです。ある厚みの鉛を使えば、ほぼ完全にX線をカットできます。ですから、X線の検査をする部屋の窓には鉛ガラスが使ってあります。コンクリートの壁は、ある一定以上の厚みになればここで全部吸収されるので、天井や床の厚みにも建築基準があります。このように厚みで防いだり、原子番号の高いものを使って薄くてもそこで吸収されるようにしています。また、X線は体に照射したときに、光と同じように散乱が起こります。いろいろな方向に2次X線が出るのです。ですから、検査を行なう医師はX線を受けないように鉛の前掛けをしたり、甲状腺を守るためにのどの部分に鉛の当てものを付けます。

さまざまな放射線

X線以外で、「放射線」と言われるものがいくつかあります。表3‒9は、電磁放射線を波長が短い

放射線	波長 (cm)	エネルギー (eV)
γ 線	$10^{-15} \sim 10^{-9}$	$10^{11} \sim 10^{5}$
X 線	$10^{-10} \sim 10^{-5}$	$10^{6} \sim 10$
真空紫外線	$1 \sim 2 \times 10^{-5}$	$12.4 \sim 6.2$
遠紫外線	$2 \sim 3 \times 10^{-5}$	$6.2 \sim 4.1$
近紫外線	$3 \sim 3.8 \times 10^{-5}$	$4.1 \sim 3.3$
可視光	$3.8 \sim 7.8 \times 10^{-5}$	$3.3 \sim 1.6$
赤外線	$8 \times 10^{-5} \sim 10^{-2}$	$2 \sim 0.01$
マイクロ波	$10^{-2} \sim 10$	$10^{-2} \sim 10^{-5}$

表3－9　電磁放射線と光子エネルギー

放射線	粒子	荷電	静止質量
電子線, β^-線	e^-	$-e$	0.000549
β^+線	e^+	$+e$	0.000549
陽子線	p	$+e$	1.00728
重陽子線	d	$+e$	2.0136
α 線	α	$+2e$	4.00278
中性子線	n	0	1.00867

表3－10　粒子線の荷電と静止質量

順に並べたものです。ガンマ線（γ線）、X線から始まり、紫外線、可視光線、赤外線となりますが、波長が短いものほどエネルギーが大きくなります。

一番下にある「マイクロ波（μ波）」は、「電磁波」と言われ、携帯電話、電磁調理器に使われています。最近、紫外線の発がん性が問題になっていますが、紫外線はけっこう波長が短く、可視光線の紫より短いものを「紫外線」と言っています。

こういう波の性質で見た場合、一番強力なのはガンマ線です。ガンマ線も波長はいろいろで、波長が短いほどエネルギーが大きいことになります。

もう一つの概念は、「粒子線」として捉えられているものです。表3―10「粒子線の荷電と静止質量」にあるように、ベータ線（β線、電子線とも言う）、陽子線、重陽子線、アルファ線（α線）、中性子線です。最近は、「重粒子線」という言葉をよく聞きますが、がんの治療に利用しています。粒子線は、一般的に、静止質量（目方）が大きいほどエネルギーは大きくなります。ですから、アルファ線が一番大きなエネルギーをもっています。

このように、放射線は波なのか粒子なのかで分けられ、「外部被曝」は波の性質をもったガンマ線やX線が問題となり、「内部被曝」は粒子の性質をもち、最も強力な作用を及ぼすアルファ線が特に問題となります。アルファ線を出す核種は、ウラン、プルトニウム、ラジウムなどです。

ウランは、ウラン鉱から掘り出すのですが、一番多い比率を占めるのがウラン２３８で約99・３％、ウラン２３５が約０・７％です。他にも微量のものがありますが、大きく分ければウラン２３８とウラン２３５から成ります。原子炉で使われているのはウラン２３５です。原子炉は、ウランを燃やして水を水蒸気に変え、その水蒸気でタービンを回して電力を発生させるのですが、少なくともウラン

235の比率を4％ぐらいに高めないと燃えてくれません。このウラン235の比率を高めることを「濃縮」と言います。この濃縮の過程でウラン238がたくさんたまります。これは、核のごみの一つですが、アメリカではウラン238を大量に保有しており、1940年初頭から、「それを何かに使いたい。何とか兵器に使えないか」という研究がされていました。その結果「劣化」ウラン兵器が開発され、1991年に初めてイラクで使われました。別の言い方をすると、ウラン238は、「原子爆弾や原子力発電用燃料を濃縮する過程で出てきた産業廃棄物」と言っていいと思います。

ウランは天然にありますが、プルトニウムは人間が作り出した人工の原子で、最も強力な毒性をもっています。1945年に長崎に落とされた原子爆弾はプルトニウム239で造られています。広島に落とされた原子爆弾はウラン235で造られたものです。ウラン235を100％近くまで濃縮すると、ものすごいスピードで反応し、巨大なエネルギーを出します。アメリカはそれぞれの影響を実験したかったので、別々のものを使ったと言われています。原子爆弾が爆発したとき放出されたのがガンマ線と中性子線です。そして、放射性降下物に混じったウランやプルトニウムの微粒子が出すのがアルファ線です。

今、電子線を使ってがんを治す治療が行なわれています。新聞報道などでも「粒子線治療」とか、「重粒子線治療」と盛んに出てきます。放射線医学総合研究所などでもすでに臨床応用されています。それは、電子線を使った今までのものよりも、的を1ヶ所に絞り、がん病巣にエネルギーを集中させることができるので、周りの正常細胞への影響が少ないのです。たとえば脳腫瘍でも、腫瘍だけに放射線を集中させることができるという利点があります。

ガンマ線も医療において「ガンマナイフ」という使われ方をしています。

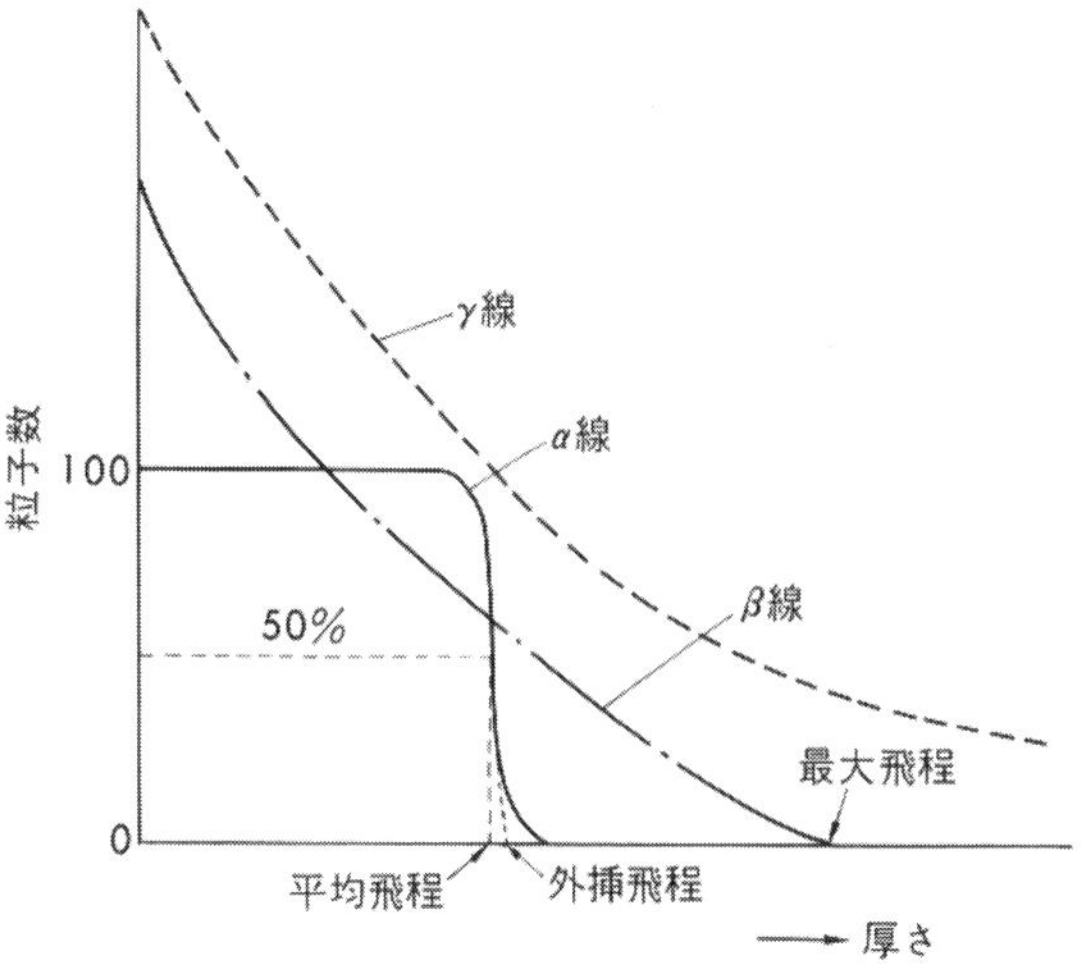

図３－11　アルファ線、ベータ線、ガンマ線の粒子数減弱曲線
出典：『放射線医学大系 34　放射線物理学』1984 年、中山書店

電磁放射線と粒子線の違い

電磁放射線と粒子線に分けたとき、その違いが図3－11からも分かります。これは、アルファ線、ベータ線、ガンマ線が体の中に入ったあとどれだけ吸収され、どう減弱していくかを示した図です。アルファ線は、ある点まで来たときに一挙にエネルギーを放出して、すっと減弱するのがわかります。それに対して、ベータ線やガンマ線はじわじわ減っているのがわかります。

アルファ線は飛程（飛ぶ距離）が短く、紙一枚通さないので、アルファ線を浴びても問題はないというひとがいますが、とんでもない話です。空気中だと数ミリでエネルギーを失い、それ以上は飛びません。水や人間の体の中だと、約40μm飛んで、エネルギーを放出します。そのときまわりの細胞にとても強い影響を与えるのです（図3－12）。

酸素を運ぶ細胞である赤血球は約８μmで、リンパ球も同じような大きさです。がん細胞だと40μm（ミクロンメーター：１㎜の１０００分の１）以上のものもあります。たとえば、数μとか、もっと小さな数十ｎｍ（ナノメーター：１μｍの１０００分の１）くらいのウランの粒子が体の中に入った場合を考えてみましょう。酸素とのくっつき方によって水に溶けるか溶けないかが決まりますが、ウランが体の中に入り、水に溶けないかたちで1ヶ所にとどまった場合、絶えず四方八方にアルファ線を出します。粒の大きさにもよって違いますが、ウラン２３８の５μｍの粒子は、17時間に1回の割合で崩壊してアルファ線を出します。１日に１回か、２日に３回で、年に５００回にも達します。

　人間の体・細胞は修復する力をもっています。図3-13は、その遺伝子がアルファ線とガンマ線を

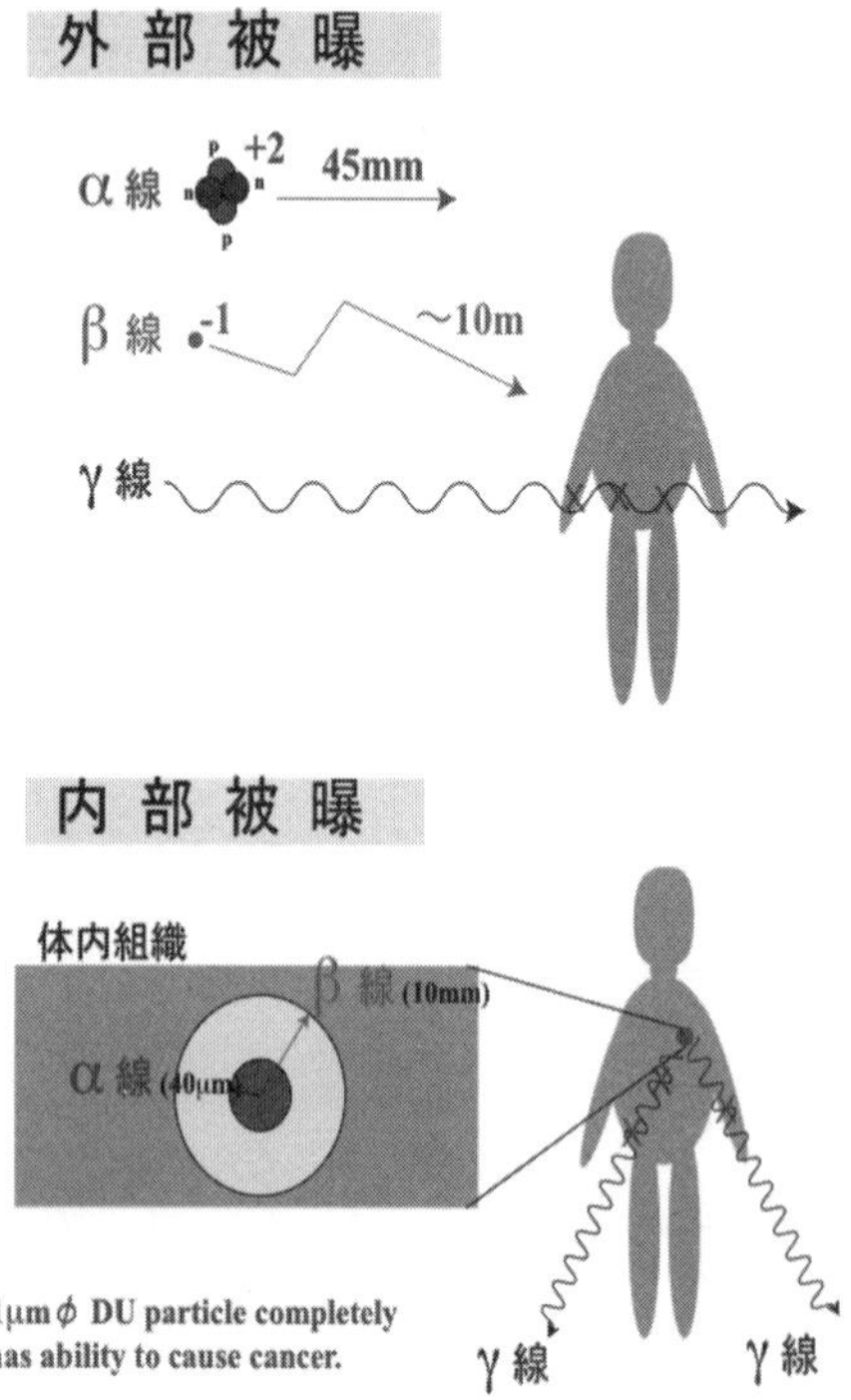

図３−１２　外部被曝と内部被曝の違い
出典：矢ヶ崎克馬著『隠された被曝』2010年、新日本出版社

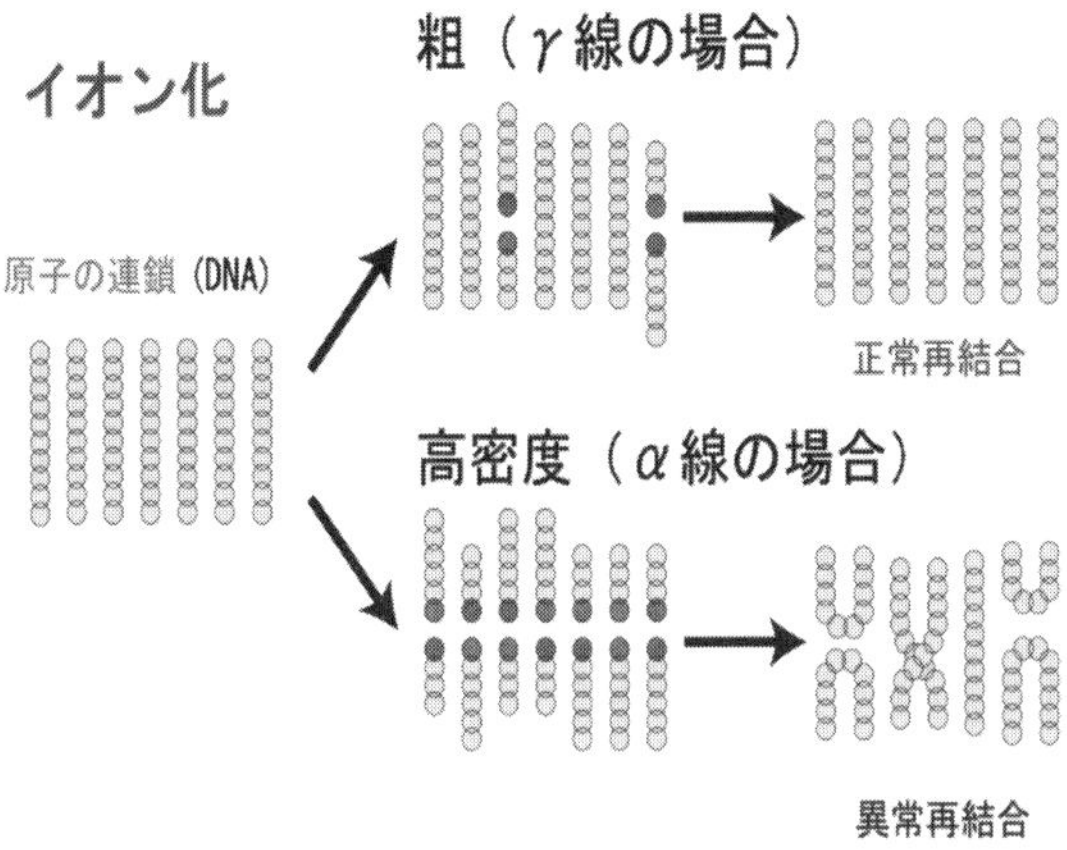

図３−13　遺伝子の被曝（アルファ線とガンマ線）
１日１回程度のアルファ線ヒットだと再結合が可能。高密度にイオン化を受けた場合、元の相手と一緒になれず異常再結合。
（矢ヶ崎克馬図）

被曝した場合を比較したものです。ガンマ線は外部照射を想定し、アルファ線は内部被曝を想定しています。ガンマ線は多くの場合、急性で1回被曝し、あとから次々来ることはありません。たまたまそのガンマ線が通ったところの遺伝子が傷を受けます。しかし、この程度であれば修復する力があり、正常な再結合ができます。

それに対してアルファ線は、繰り返し放射するので非常に高密度に傷を付けます。仮に体の中にアルファ線がとどまっていれば、その間ずっと傷を受け続けます。そして、間違った遺伝子結合が起こります。

たとえば、この間違った結合が胎児に起こった場合、それが先天障害になり、おとなの場合でも正常な組織構造になれずに勝手な増殖をする細胞が産まれます。これが、発がんにつながります。ですから、放射線の障害という面で見れば、「先天障害と発がんはかなり重なり合っている」と言われています。それらを引っくるめて、「変異原性」と言います。

この変異原性は、化学物質によっても引き起こされ

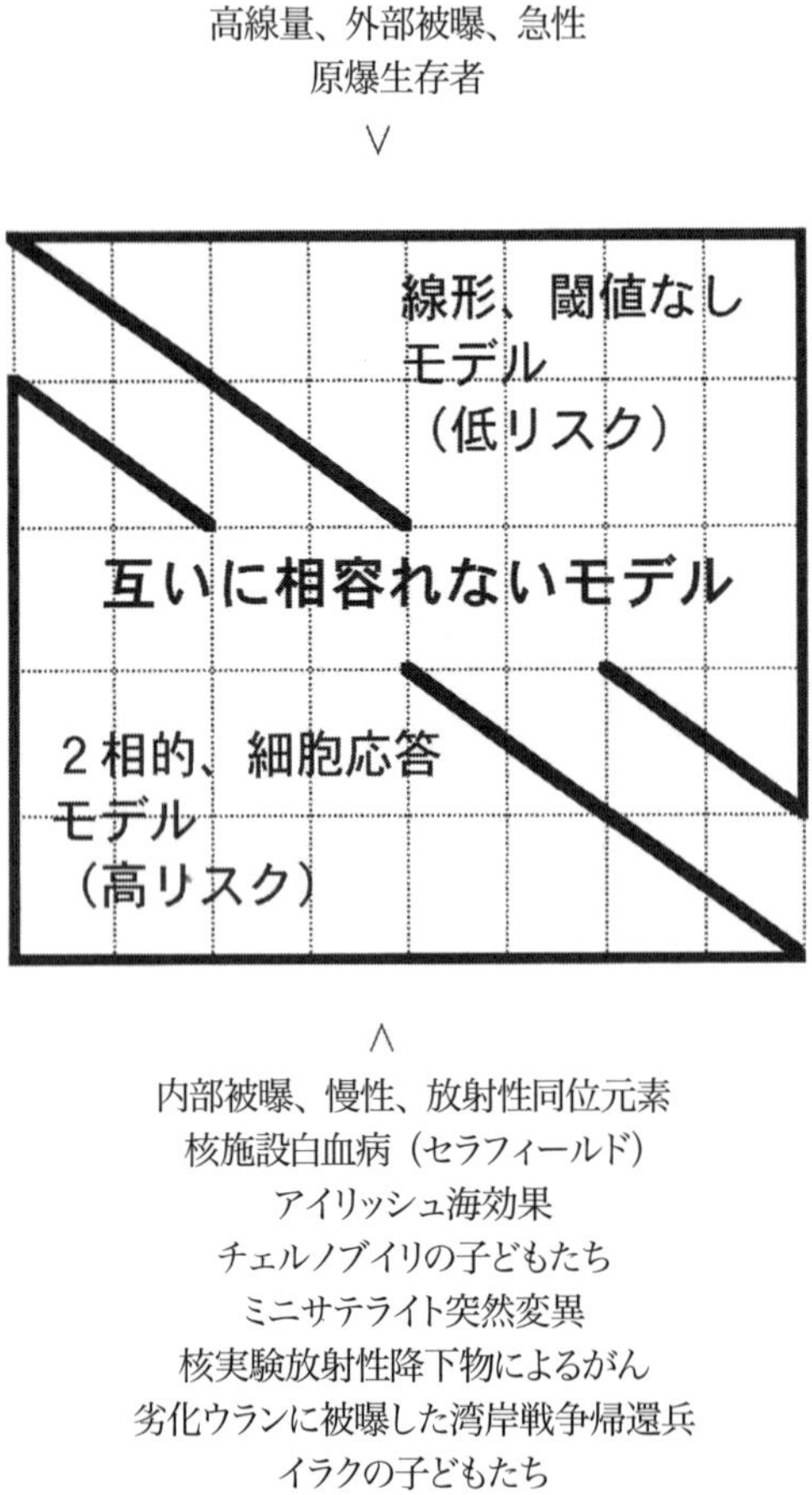

図３－14　演繹法と帰納法とから導かれた互いに相容れないモデル

ます。たとえばダイオキシンとか、たばこに含まれるベンゾピレンといった化学物質です。化学物質と放射線物質の変異原性はかなり共通した面があります。いずれにしても、遺伝子に傷を付けて修復不可能にさせることが、問題なのです。

ＥＣＲＲの外部被曝モデルと内部被曝モデル

図３-14は、日本ではあまり知られていないものですが、ヨーロッパ放射線リスク委員会（ＥＣＲＲ）

が提唱したものです。上が「外部被曝モデル」で、下が「内部被曝モデル」です。代表的なものでは、広島・長崎の原子爆弾による被曝が上です。ただ、広島・長崎の被曝に関しては、最近、「内部被曝ももう一つの重大な問題だ」ということが明らかになってきているので、「原爆降下物によるがん」ということで、下にも入ります。１回だけの急性の被曝が外部被曝モデルで、体の中に放射性物質が入って内部から繰り返し被曝を受けるのが内部被曝モデルです。

挙げられている事例をみてみましょう。「核施設白血病」ですが、原発の廃棄物処理施設はイギリスやフランスにもあり、日本でも問題になっています。また、「アイリッシュ海効果」というのは、アイルランド海に近いイングランドに再処理工場があり、そこの海岸で影響が出たことが確認されたものを指します。「チェルノブイリの子どもたち」は、皆さんよくご存じでしょう。「ミニサテライト突然変異」というのは、染色体には放射線によって傷のつきやすいＤＮＡ塩基配列の不安定な部位があり、ミニサテライト配列はそのひとつです。白血病などの原因になります。

「核実験放射性降下物によるがん」の中には、ビキニ環礁などでの水爆実験の降下物による影響があります。第五福竜丸をはじめ、マグロ漁船に乗っていた人たちの発がんの問題がその例です。彼らに先天障害の子どもが生まれたことも、放射性物質による内部被曝が原因と考えられます。

「劣化ウランに被曝した湾岸戦争帰還兵」は、兵士自身の問題と兵士の子どもたちのなかに先天障害をもった子どもが出てきていることを示しています。「イラクの子どもたち」は、子どもたちが直接間接に被曝を受けて、白血病とかいろいろながんを発症するということで、イラクだけでなくアフガニスタン、旧ユーゴスラビアのコソボがここに入ります。

これらのほかに、稼働中の原発の問題があります。通常運転でも放射性物質を放出します。日本には55基の原子炉があり、54基が動いています。民主党政権は、さらに14基新設をすると言っていましたが、原発の風下に住んでいる人たちの被曝も、このモデルに入ります。

また、「フェロシルト」は、石原産業がチタン精製の過程で出てきた産業廃棄物を土壌補強材、土壌埋戻材として商品化したものです。そのなかに、ウラン２３８とトリウム２３２が含まれています。この問題はまだ解決に至っておらず、撤去・除去されずに、かなり身近な土壌中に残っています。

半減期の話をしませんでしたが、ウラン２３８の放射線が半分になるのに約45億年かかると言われています。地球の寿命に近い長い時を経て、やっと半分になります。また、トリウム２３２の場合は約１４０億年ともっと長い。そういうものが私たちの身近な畑などに新たに持ち込まれているという現実はとても信じられませんが、実際におこっているのです。

一般の人はあまり知らないかもしれませんが、医療関係者ならある程度知っているのがトロトラストです。肝臓などの血管をX線で描出するために、血管の中に造影剤を入れます。今はヨード造影剤を使うことが多いのですが、それはX線をよく吸収するので「陽性」の造影剤と言います。

戦前、戦中から戦後の一時期、陽性造影剤として使われました。トロトラストで問題なのは、トリウムです。身近な医療の場で診断用に使われたのですが、あとになってトリウムが原因の肝臓がんが出てきます。これも内部被曝のモデルに入ります。

ＥＣＲＲのモデルに戻ります。放射線が強力なものであれば、急性の障害で亡くなります。人間の体は組織ごとに放射線に対する感受性に差があります。たとえば小腸の粘膜は非常に感受性が高く、一定の放射線が照射されると粘膜が落ち、下痢が止まらずに水分が失われて脱水で亡くなる、あるいは下血で亡くなります。また、骨髄、生殖腺も非常に感受性が高い。骨髄は血液を作っているところですから、そこが障害されると白血球がどんどん減り、血小板も減ってきます。それによって出血しやすくなり、また免疫機能が落ちて細菌などの影響を受けやすくなり、肺炎やいろいろな炎症を起こして死に至ります。

広島・長崎の被曝の場合、放射線量が一定以上多いときは急性の症状で亡くなりますが、被爆地から距離が遠くて外部被曝が少なかったり、内部被曝としても少なかった人は生き延びました。しかし、数年後から20年、30年たって白血病やがんが発症するひとが出てきたのです。

「急性」というのは、外部からの被曝が「1回だけ」というのが特徴です。「慢性」というのは内部からの被曝が繰り返されるということです。内部に入ってきた1つひとつの放射性物質による被曝の範囲は限られていますが、その周囲にある細胞にとっては非常に強力な影響を受けます。そこに内部被曝の怖さがあります。

放射線のエネルギーの大きさを示すことは簡単なことではありません。「高ＬＥＴ放射線」について簡単に説明します。放射線が通った跡に沿って、ある長さ当たりでどれだけのエネルギーが周りに与えられたかを「ＬＥＴ」という単位で表します。「線エネルギー付与（リニア・エナジー・トランスファー Linear Energy Transfer）」の略です。アルファ線、重粒子線、陽子線は、高ＬＥＴ放射線です。

電子線は、ある距離当たりで評価した場合に、周囲の細胞にそれほど強い影響は与えませんが、アルファ線の場合には、飛ぶ距離が短くてもその間にいくつかの細胞が入りますので、それらの細胞には非常に強いエネルギーが与えられ、障害をもたらします。先ほどもふれましたが、たとえばウランは、酸素とのくっつき方により、水に溶けたり溶けなかったりします。一般的に、水に溶けるものはほとんどが尿になって出ていきますが、それでも1割は骨などに沈着します。水に溶けないタイプのものはそこに「ほぼ一生とどまる」と言ってもいいのです。特に問題になるのは、骨髄や生殖器官です。胎盤はバリアがありますが、0・1μm（100nm）以下の小さな粒はそれを通り抜けて胎児のところにまで至り、影響を与え続けます。

以上が、放射線と内部被曝の基礎的な話です。

4　原子力発電と内部被曝

原子力発電所と内部被曝の関係は、非常に身近で重要な問題です。

今回の福島原発事故によって身近に起こったいくつかの例を見てみましょう。まず、多くのひとが身近に感じたのは、ヨード131による水道水の汚染でした。関東圏で採れた野菜から検出されたセシウム137もそうでした。牛乳が汚染されていると聞いたとき、大変なことが起っているのだと深刻に受け止めたひとも多かったと思います。実際、小さな子を避難させなければならないと考え、実行した人もいました。

東京都民が毎日飲んでいる水道が汚染されたということは、放射性物質が200㎞以上離れたところまで移動したということです。野菜から検出されたものは、その野菜が汚染された土からセシウムを取り込んだためでした。放射性物質の小さな粒を離れたところまで運ぶのは空気と風と雲です。海の魚も例外ではありませんでした。茨城沖でとれたコウナゴからセシウム137が検出されました。これを運んだのは主に海の水でした。

今回の事故は、空気や水を介して、放射性物質が私たちのからだの中に取り込まれることを教えてくれました。今回の事故の直後にフランスやドイツ政府は、日本に住んでいる自国民を、東北・関東圏から避難させました。フランス政府などは、チャーター機まで用意しました。スウェーデンは、福島原発から２５０km以内に住む自国民に避難指示をだしました。ヨーロッパの国々がこのように迅速な対応をしたのには、理由があります。25年前のチェルノブイリの経験です。

チェルノブイリ原発事故によってきわめて深刻な被害を受けた旧ソ連とヨーロッパの人びとは、そこから多くを学んでいたのです。４月６日から８日までベルリンで、チェルノブイリ25周年記念の国際会議が開かれました。主催者には、ＥＣＲＲ（別項参照）も加わっていました。私もこの会議に出席したかったのですが、果たせませんでした。今回の日本での事故が起った後でしたが、日本からの出席者はベルリン在住の梶村太一郎さんだけだったようです。ちなみにドイツでは、日本での原発事故の後、25万人もの人びとが立ち上がり、街頭に出て、ドイツの原発をすべて止めるように要求し、ドイツ政府は民衆の声に従いました。

日本の原子力発電黎明期

日本の原発開発の歴史をふり返ってみましょう。１９５０年代、アメリカは、ハードをはじめソフトも燃料も提供して日本に原子力発電を推進させました。そのとき日本側の重要な位置にいたのが正力松太郎や中曽根康弘だったことは、これまで多くの書籍で指摘されています。

当時の時代状況をみると、１９５４年3月1日のビキニ環礁における水爆実験によって、第五福竜丸など日本漁船と現地住民が被曝した事件を契機に、日本ではあらためて「原子爆弾は許さない」と

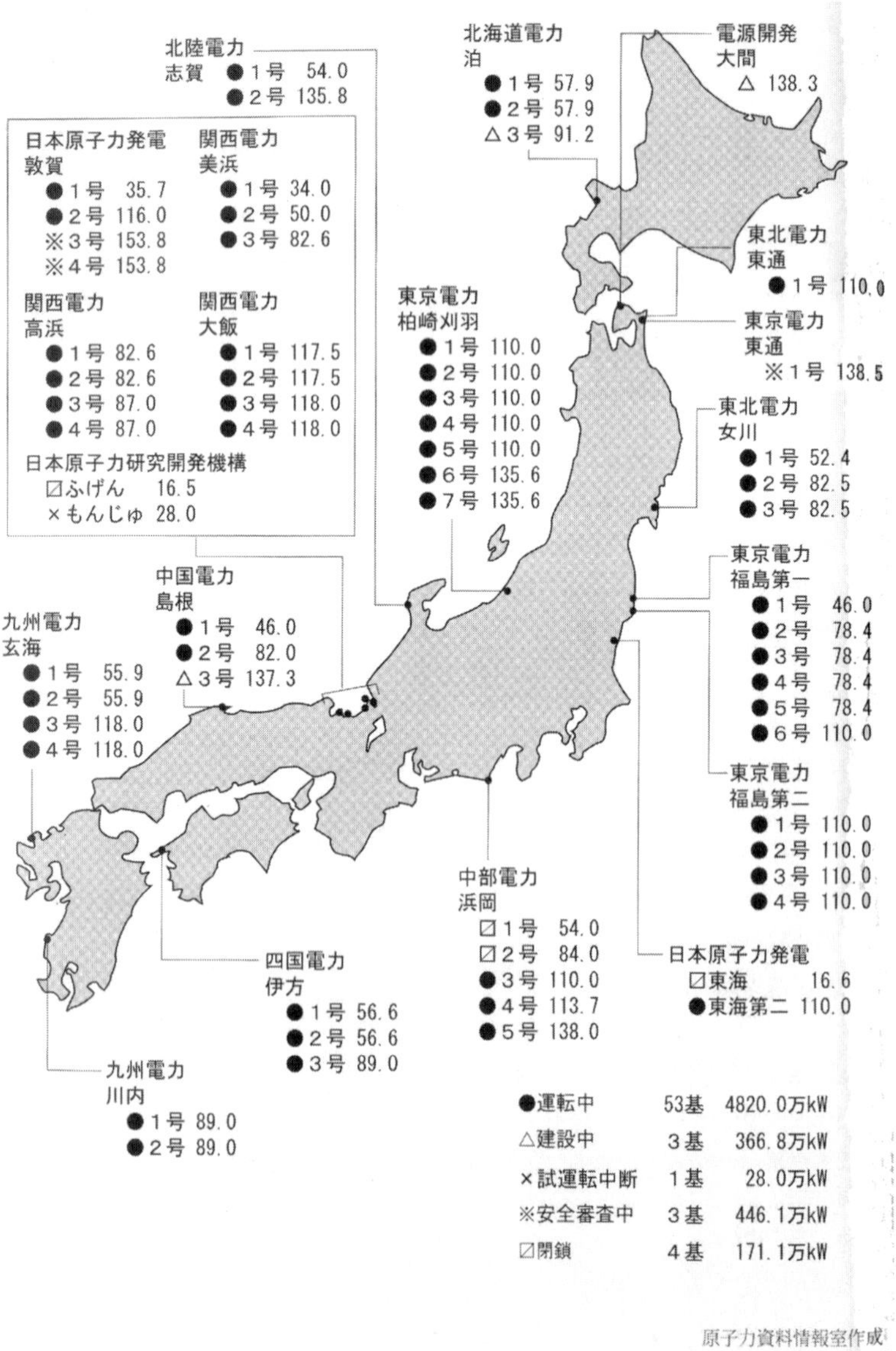
北陸電力
志賀　●1号　54.0
●2号　135.8
日本原子力発電
敦賀
●1号　35.7
●2号　116.0
※3号　153.8
※4号　153.8
関西電力
美浜
●1号　34.0
●2号　50.0
●3号　82.6
関西電力
高浜
●1号　82.6
●2号　82.6
●3号　87.0
●4号　87.0
関西電力
大飯
●1号　117.5
●2号　117.5
●3号　118.0
●4号　118.0
日本原子力研究開発機構
☒ふげん　16.5
×もんじゅ　28.0
北海道電力
泊
●1号　57.9
●2号　57.9
△3号　91.2
電源開発
大間
△　138.3
東北電力
東通
●1号　110.0
東京電力
東通
※1号　138.5
東京電力
柏崎刈羽
●1号　110.0
●2号　110.0
●3号　110.0
●4号　110.0
●5号　110.0
●6号　135.6
●7号　135.6
東北電力
女川
●1号　52.4
●2号　82.5
●3号　82.5
東京電力
福島第一
●1号　46.0
●2号　78.4
●3号　78.4
●4号　78.4
●5号　78.4
●6号　110.0
中国電力
島根
●1号　46.0
●2号　82.0
△3号　137.3
九州電力
玄海
●1号　55.9
●2号　55.9
●3号　118.0
●4号　118.0
東京電力
福島第二
●1号　110.0
●2号　110.0
●3号　110.0
●4号　110.0
中部電力
浜岡
☒1号　54.0
☒2号　84.0
●3号　110.0
●4号　113.7
●5号　138.0
日本原子力発電
☒東海　16.6
●東海第二　110.0
四国電力
伊方
●1号　56.6
●2号　56.6
●3号　89.0
九州電力
川内
●1号　89.0
●2号　89.0
●運転中　53基　4820.0万kW
△建設中　3基　366.8万kW
×試運転中断　1基　28.0万kW
※安全審査中　3基　446.1万kW
☒閉鎖　4基　171.1万kW
原子力資料情報室作成

図3－15　日本原子力発電所の立地場所（2009年3月現在）
出典：『原子力市民年鑑2009』原子力資料情報室編、七つ森書館

いう世論が高まっていきました。最初に動き始めたのは杉並区のお母さんたちと言われていますが、原水爆禁止の運動は燎原の火のように燃え広がっていきました。その日本国内の核廃絶の動きを押さえ込むためのキャンペーンとして、「原子力の平和利用」という耳障りのいいキャッチコピーが流されたのです。その元になったのは、アイゼンハワー大統領が一九五三年に行った演説〝Atoms for Peace〟でした。

最初、一番中心的に動いたのは、読売新聞とその系列の日本テレビ放送網です。読売新聞はテレビ部門を新設し、テレビという新しいマスメディアを使って展開しました。

原爆と原発

では、原爆と原発はどう違うのかというと、ルーツは一緒です。

燃料は、どちらもウランあるいはプルトニウムを使います。最近では、トリウムを使う方法も実用化されようとしています。原爆の場合は、核分裂で非常に急激な反応をさせるのに対して、原発の場合は、じわじわ、ゆっくりと燃やします。ウランやプルトニウムから出て、次々に核分裂を続けさせるのは、中性子です。この中性子の速度をコントロールするために、減速剤として日本では水を使っています。チェルノブイリでは黒鉛を使っていました。

ウランを例にとると、非常に燃えやすいウラン235を1kg使って反応させたとき、原爆の場合は何百万分の1秒、瞬時にして反応しますが、原発の場合は、約10時間かけて燃料として燃やします。そこで得られた熱を使って蒸気を発生させ、タービンを回して電力を得るという仕組みです。

技術的にベースは同じなので、原子力発電の技術があれば原子爆弾は造れます。そういう点では、「平和利用」の美名のもとに稼働している原発は、「軍事の原爆の生みの親でもある」という言い方ができます。

いま、日本で運転されている原子炉には、ガス冷却炉、沸騰水型軽水炉、加圧水型軽水炉がありま
す。東京電力、東北電力、中部電力、中国電力、北陸電力で運転している原子炉は沸騰水型軽水炉で
す。関西電力、四国電力、九州電力、北海道電力は加圧水型軽水炉で、これは原子力潜水艦用の原子炉技術を応用したものです。冷却炉はプルトニウムを生産するために開発されてきたものです。いずれの場合も、原子炉でウランを燃やしたときプルトニウムが生成され、日本ではすでに３０００トン近くに達しているといわれています。

横須賀に配備されているアメリカ海軍の巨大な原子力空母ジョージ・ワシントンも原子炉を持っていますが、原発と原爆は双子の兄弟のようなものです。

原発の燃料はウラン２３５です。ウラン鉱から採掘されたウランに占めるウラン２３５の含有量は約０・７％しかなく、残りの約99・３％はウラン２３８です。ウラン２３５を４％前後まで濃縮することによって、原発の燃料となります。その濃縮作業を繰り返せば、高濃度のウラン２３５ができ、濃度が90％以上になれば広島型原爆と同じものが作れます。今は水素爆弾の時代かもしれませんが、一番中心部分では、原爆が起爆装置の役割を果たしているので、基本は同じです。

そして、ウランを燃やすと、ウラン２３５は「死の灰」となります。これ自体も非常に問題です。ウラン２３８は、「燃えないウラン」とか「燃えにくいウラン」と言われていますが、その含まれている一部がプルトニウムに変わります。約60％から70％はプルトニウム２３９とプルトニウム２４１に変わります。これらは、ウラン２３８と違って、反応が激しく非常に燃えやすいものです。

ですから、原子炉で燃やしたあとの燃料からプルトニウムを取り出す技術があれば、原爆用のプルトニウムを手に入れることができます。それは再処理工場で取り出すことができます。日本はこの再処理をイギリスのセラフィールドなど再処理工場に依頼していましたが、今はフランスと提携しています。青森の六ヶ所村には、日本全国の原子力発電所で燃やされた使用済み核燃料を集め、その中から核燃料のウランとプルトニウムを取り出す再処理工場があります。

最大処理能力としてウラン８００トン／年、使用済燃料貯蔵容量はウラン３０００トン。２０１０年の本格稼動を予定していましたが、事故続きで、まだ軌道に乗っていない状況のようです。

つまり、原爆と原発は、同じ放射性物質と原子炉を使う技術だという点からみても、決して分けられません。どちらが親か子どもかという関係にあると考える必要があります。だから、原爆は悪者で原発は良いものだとは、言えません。

日本の核武装力

では、日本は核武装する力はあるのか。２０１０年8月、菅首相の私的諮問機関「新たな時代の安全保障と防衛力に関する懇談会」が、非核三原則の「持ち込ませない」を見直す提言をまとめました。密約問題をあえて表に出しておいて、その実態に合わせて法律などを変えるようですが、「日本も核武装する」という意図が感じられます。

結論から言えば、日本は今持っている技術と設備があれば核武装する力があります。

現在、運転中の原発からどの程度のプルトニウムが生み出されてくるかというと、日本の今の発電能力は、年間４５００万キロワットですからプルトニウムにして約9トンです。大きさでいうと、ちょうどソフトボール1個ぐらいですが、長崎型の原爆なら1000発以上を造る蓄積がすでにあります。

わが国初の再処理工場である茨城県東海村の再処理工場は、年間に原爆数十発分の高濃縮ウランを生みだす能力をすでに持っています。いま試験運転中の青森県六ヶ所村再処理工場のウラン濃縮工場は、1年間に、原発用の低濃度ウランが10基分、原爆用の高濃度ウランが原爆数百発分を生み出す能力をもちます。

原発の寿命

原子力発電所はどれくらいの期間稼動していられるのでしょうか。当初は、「原子力発電所の寿命は30年」と言われていたのですが、だんだん延ばされてきて、今は、「60年」などと言っています。蒸気の発生器とか、「シュラウド」と言われる炉心の隔壁の部分だけを新たに交換してつなぎ合わせて、耐用年数を延ばしているようです。日常的にも原子炉で働く労働者は被曝しますが、部分的な改装工事のために労働者が被曝している実態があります。

原発被曝者

樋口健二さんの『闇に消される原発被曝者』（初版三一書房、1981年、再版御茶の水書房、2003年）は、原発で働いていた20数人の労働者を丹念に取材してまとめ上げた本です。その中で樋口さんは、「原発被曝者」という言葉を使っています。そして「被曝労働者の総数は、130万人にも上る」と言っています。樋口さんは、ドイツで「核のない未来賞」の「教育部門賞」も取っています。

現在のところ、原発で働いていた労働者で労災認定されたのは6人です。樋口さんは、6人でも、「闘いの成果である」と言っています。一番中心的に頑張った岩佐嘉寿幸さんは、裁判で闘いました。一番年若くして亡くなったのは、下請け・孫請け労働者です。読んでいるとつらくなる話が中に出てきます。そのひとりを紹介します。

「原発内作業によって多量の放射線を浴び、慢性骨髄性白血病死した故・嶋橋伸之さんは１９９１年10月20日に死亡した。享年わずか29歳であった。（中略）平和利用のはずの原発内作業が放射線被曝を伴うとは夢知らず息子の将来を想っての転居であった。（中略）彼の被曝線量は８年10ヶ月間に50ミリシーベルトを上回っているので労災認定基準に充分当てはめられるが、これはあくまで外部被曝のみの計測である。口や鼻から吸入した内部被曝を考えると更に多量の放射線を取り入れたことになるだろう」（同書、２０５-６ページ）

原子力発電所の労働者の被曝問題は、まだ広く知られるにはいたっていませんが、非常に深刻です。外部被曝もありますが、内部被曝の一つの重大な事例として見ておかなければなりません。

日本政府の原子力重視政策

２００９年に民主党政権に代わりましたが、２０１０年3月に出した政策をみると、「原発は継続してさらに増やす」という政策は何も変わっていません。日本は地震大国で、その危険性が指摘されてきたにもかかわらず、民主党政権は原発を推進するだけでなく、現在の約60％という稼働率を90％に上げるという方針を出してきました。そして国内で14基増設、ベトナム、ヨルダンなどに輸出するという構想です。

将来的には、前から問題になっている、「再処理工場でプルトニウムを抽出して、高速増殖炉で燃やす」という政策についても、「引き続き開発の努力を続ける」ということです。ですから、高速増殖炉「もんじゅ」と六ヶ所村の再処理工場は、どちらが欠けてもプルトニウム燃料は得られないので、セットとして「核燃料サイクルシステム」を確立するというのが、今の日本政府の基本的な路線です。「代替エネルギー」あるいは「自然エネルギー」と言われる風力、ソーラー、波エネルギー、地熱、バイオなど原発に代わる、あるいは今までの化石燃料、石油や石炭を燃やさない発電方法を促進しにくくしています。圧倒的に多額の税金を原発につぎ込んで、代替エネルギーや自然エネルギーの開発にはなかなか予算を出しません。

当初、日本はソーラーなどでも、「先進的な部分がある」と言われていましたが、この間、ドイツに抜かれました。今、ドイツは、風力もありますが、ソーラーやバイオの占める比率をどんどん上げています。

ドイツもフランスの原発の電力を買ってはいますが、自然エネルギーの利用では、先進的な努力をしています。それが地球環境のCO_2削減にもつながっていくので、非常に大事です。「原発がCO_2の低減に役に立つ」というのは真っ赤なうそです。原発のソフトとハードにかかる費用・維持管理費もそうですが、何より問題は、使用済み燃料の処理や廃炉にした後の廃棄部処理に莫大な費用とエネルギーを必要とする点です。「トイレのないマンション」などと言われる所以です。そして今回の事故によって、原発推進の政府、大企業、学者、マスメディアなどが長年垂れ流してきたうそが白日の下に晒されました。

沸騰水型原発についてみると、電気出力100万キロワットの原発が必要とするウラン燃料は年間23トンですが、それを取り出すにはウラン鉱石約11万トンが必要です。ウラン鉱石を掘り出した後に大量のウラン残土が生まれます。

実際に燃えるウラン２３５は、ウラン鉱石の中には約０・７％しか含まれていませんから、１７７トンのウラン鉱石から23トンの濃縮ウランしか作れません。残りは劣化ウラン（ウラン２３８）です。また、ウラン燃料23トンが使用済み燃料として取り出されるとき、核分裂生成物が６５０kg生み出されます。このほかに超ウラン元素（プルトニウム、アメリシウムなど）が約２００kg残され、残りがウラン（99％がウラン２３８、１％が２３５）です。

ウラン燃料の放射線量は、ウラン鉱石の約1億倍に増加し、自然界のレベルに下がるのに１０００万年かかります。

再処理とは

再処理工場では、原発の使用済み燃料からプルトニウムを分離する作業を行ないます。そのさい、一つの工程として、燃料棒を細かく切るのですが、そのときに、気体の状態の放射性物質、特にクリプトン85、炭素14、トリチウム（水素３）が大気中に出てきます。同時に、全工程が汚染されているので、それを洗う廃液の中に、トリチウム、ヨウ素、ルテニウム、ロジウム、コバルト、ウラン、ネプツニウム、プルトニウムのようなものが混じり込んできます。

青森県六ヶ所村の再処理工場では、それら放射性物質をそのまま環境に排出することを前提に、操業許可が出ています。原発よりははるかに甘い基準で稼働させるようにしてあります。再処理工場は原発1年分の放射性廃棄物を1日で出す、と言われています。

それを六ヶ所村の約３㎞沖合の海に持っていって流します。そこで、流された海水がどう移動するかを調べるために、排水口の近くから「はがき」を流した人がいて、宮城から千葉の沿岸でたくさん回収されています。海へ放出した放射性物質の影響がどこまで拡がるか、生態系の影響が懸念されています。

高速増殖炉

「核燃料サイクルシステム」として、再処理工場とセットのものとして高速増殖炉があります。どちらが欠けてもプルトニウム燃料は得られません。

これまで話したように、原発の稼動によって生み出されるプルトニウム239とウラン238はいずれも核廃棄物＝ゴミであり、処分する他に使い道のないものでした。それを高速増殖炉で燃やすことでそれらを有効利用しながら、さらに不要なウラン238から次の高速増殖炉用の核燃料であるプルトニウム239を作り出すことで核燃料を循環させるというのが「核燃料サイクル」です。

このように高速増殖炉は優れた発電システムだとして、各国が開発に取り組みました。しかし、非常に危険で技術的にも無理だということで、アメリカ、イギリス、フランス、ドイツなどは、1980年代にすでに撤退しています。日本の場合も、「もんじゅ」に関しては、何回も事故があって非常に危険なものであることが、ある程度一般の人の記憶の中にあると思います。

再処理は装置自体も事故を起こしやすく危険なのですが、さらに人間や環境に与える影響も問題です。日本のデータはないのですが、海外の調査によると、再処理工場の周辺では小児の白血病が見られます。フランスのラ・アーグというシェルブールに近いところですが、ここから10㎞以内の範囲に住んでいた住民の子どもたちからフランス全体の平均の2・8倍という非常に高率で白血病が出たデータがあります。

また、再処理工場があるイギリスのセラフィールドでは、父親の被曝によって子どもへ影響が出ているというデータがあります。受胎前の総線量が１００ミリシーベルト以上になったときに相対リスクが出ることが示されています。これは白血病だけではなくて小児がん全体ですが、父親を介して出ています。

セラフィールドは、アイルランド海に面しています。住民たちは放射性物質の海洋放出の影響を問題にしています。住民たちの抗議で海への放出は減ったのですが、実際は蓄積されていって経年的に見るとかえって多くなっています。

放射性廃棄物とクリアランス制度

前に述べたように、原子力発電には放射性廃棄物の問題がついて回ります。放射性廃棄物に関しては、「裾切り問題」＝「クリアランス制度」と一体と考えたほうがよいでしょう。

ある原発では、使用済み燃料の量だけを見ると1・5万㎥ですが、原発が解体されたときに出てくる放射能を持った廃棄物は、２３０万㎥です。想像を絶する大量の産業廃棄物が出てきます。

標準的な原発は、解体すると50万から55万トンもの廃棄物が出ると予想されています。これらを全部処理したら、膨大な金がかかります。そこで、「放射性同位元素等による放射線障害の防止に関する法律」の改正によって、放射性廃棄物として扱う量を思い切って少なく2～3％にしようというわけです。簡単に言うと、大量に金がかかるので、自然放射線の１００分の1ミリシーベルト以下の廃棄物については、放射性物質のごみとはしないで一般の産業廃棄物と一緒に扱うというのが、クリアランス制度です。

小泉純一郎政権だった2005年5月に法制化されました。これにより、私たちの生活の身近なところでいろいろな格好でかかわってきます。鉄材に関してはリサイクル、それを使っていろいろな鉄を使った製品、たとえばフライパンや公園の椅子などに利用できるようにします。

問題は、安全性の評価です。100分の1ミリシーベルト（0・01ミリシーベルト）以下であれば安全かというと、そうではありません。この裾切りに関しては、「放射性廃棄物スソ切り問題連絡会」が2002年に発足しました。その設立シンポジウムで市川定夫さんが「放射性廃棄物『スソ切り』の本質と問題点」という記念講演を行ない、「非常に問題だ」と話しています。内部被曝にも触れていますが、「内部に入ってきたものは微量だからいいということではありません。どんなに微量でも、人体に対しては毒です。健康障害のもととして働きます」と話されています。

ヨーロッパと違うのは、日本の場合、放射性物質が身近な生活環境に出てくるのを国会が認めてしまっているところに非常に大きな問題があって、これは何とかやめさせないといけません。そのためにも、内部被曝とはそもそもどういうことかという理解がないと難しいのです。あらためて内部被曝問題の重要性を思います。

たとえば、国会での民主党議員の質問とそれに対する答弁を見ていても、質問する側もあまりよくわかっていません。クリアランス制度は、全国民的な議論にならず、専門家の間でも十分議論されないまま現在にいたっています。

5　広島・長崎原爆被爆者の内部被曝

もう一つの被曝

内部被曝問題を考えるうえで、広島・長崎の被爆者の内部被曝は大変重要です。

広島・長崎の被爆者の内部被曝の問題と最初に向き合ったのは、肥田舜太郎医師です。当時肥田さんは陸軍の軍医でしたが、原爆投下の前の日に、たまたま広島を離れて戸坂村に往診に出掛け、そのまま泊まったために直撃を免れました。この戸坂村には、のちに救護所を作ることになります。肥田さんは原爆投下直後、急いで広島に取って返し、被害者の治療に当たります。ですから、肥田さん自身も内部被曝の被害者です。

肥田さんは、1人の若い女性を紹介しています。彼女は、1944年に結婚、45年7月初め松江の実家で出産。8月7日、大本営発表で広島が壊滅したと聞いた彼女は、広島県庁に勤めていた夫を探して、8月13日から20日まで毎日広島の焼け跡を歩きまわります。原爆炸裂時たまたま地下室にいたため、脚を骨折したが一命をとりとめた夫と、戸坂村の救護所で再会。当初元気だった彼女は、救護所で重症患者の治療や介護を手伝っているうち熱が出、紫斑が現れ、鼻血が止まらなくなり、日に日に衰え、9月8日、抜けた黒髪を吐血で染めて、ついに帰らぬ人となりました。

肥田さんは、この人を見て非常に衝撃を受けました。彼女は、はるか離れた松江にいて、原爆の直撃を全く受けていないのに、原爆症の急性症状がたくさん出て亡くなったのです。「1週間後に入市したが明らかに原爆症と思える症状で死亡した松江の夫人は、内部被曝問題への私の執念の原点ともなった」と語っています。

原爆投下から65年。広島にも長崎にも、たくさんの入市被曝の人たちがいて、その人たちは今なお、原爆放射線による晩発障害で苦しんでいます。しかし、厚生労働省の認定基準は厳しく、２００６年3月現在で、原爆症と認定された被爆者は２２８０人です。被爆者手帳を持っている人は26万人ほどいますが、原爆症と認定されている人は、その1％にも満たない状態です。

原爆症認定集団訴訟と残留放射線による内部被爆

２００3年4月、被団協（日本原水爆被害者団体協議会）の呼びかけで、原爆被爆者は、原爆症認定申請を却下した厚生労働大臣の処分は不当であるとして、却下の取消を求める被爆者集団訴訟を始めました。その裁判の過程では、内部被曝問題が最大の争点になっています。裁判所は、内部被曝を基本的に認めていますが、政府は今なお、これを頑として受け入れない状態が続いています。

政府の審査では、認定申請した被爆者の原爆放射線による推定被曝線量が疾病ごとに定めた「しきい値」線量以下になると、機械的に認定申請を却下していました。２００1年以降厚労省は、「しきい値」に替わる被爆者の疾病が原爆放射線に起因する割合を示す「原因確率」を導入しました。ところが、この基準は、その確率が10％以下になると機械的に認定申請を却下するという、いっそう厳しい認定基準なのです。

内部被曝がどういうものかについては、これまで話してきたように、私たちの五感では感じ取りにくく、体内の放射性物質を外から評価することが困難で分かりにくい面があります。

「残留放射線」という言葉があります。「残留放射線を呼吸や水や食べ物と一緒に体内に取り込んだために、直撃を受けたときの被爆、いわゆる外部被爆とは別に、それを上回る内部被曝を受ける」というのが被爆者たちの主張です。

では、残留放射線の線源は何かというと、二通りあります。一つは、原爆が最初に炸裂したときに出る初期放射線の中性子によって誘導された放射性物質です。いろいろな物質が放射化され、新たな放射性物質になりますが、爆心地を中心に、それが大量に作られました。

もう一つは、きのこ雲に含まれ、非常に広い範囲に降った放射性の雨、すす、あるいは目に見えない微粒子などの放射性降下物です。

裁判の過程で政府側は、２００８年４月から原因確率を廃し、より被爆者救済の立場に立ち、被爆の実態に即したものとする新しい審査の方針を出してきますが、現在もなお、そこのところがなかなかうまく進んでいません。

２００９年６月９日に、厚生労働大臣が上告を断念し、この集団訴訟は原告側の勝訴でひとつの区切りを迎えました。しかし、２０１０年３月30日に、弁護団あるいは原告団が声明を出しましたが、８０００人近い申請者がまだ放置されています。司法判断と行政判断が違うということは、司法と行政には乖離があるということです。それをできるだけ早く改めていくべきなのに、それをやらない現在の日本政府・厚生労働省の姿勢を非常に厳しく断罪しています。

残留放射線・放射性降下物の危険性の軽視

では、なぜ内部被曝が軽視されてきたのでしょうか。

高橋博子さんが、『封印されたヒロシマ・ナガサキ――米核実験と民間防衛計画』（凱風社、２００

8年）で、非常に重要な事実を紹介しています。

マンハッタン計画の副責任者トーマス・ファーレルが、広島・長崎への原爆投下の影響については「空中高く爆発した」ため放射能の影響は軽視でき、1954年のビキニ水爆実験については「地上近く爆発した場合」に限って広範囲が放射能汚染される、としているのです。つまり米国政府は、広島・長崎に投下された日から54年までは「放射性降下物はなかった」と言っていましたが、ビキニの降下物による被害が明らかになってからは、さすがにそれを強弁できなくなり、「これは水爆の時代に初めて出合うリスクだ」ということを広く印象付けようとしたのです。

次に裁判での評価を見てみましょう。2007年3月の東京地裁判決は、特に内部被曝の問題について次のように言っています。

「広島原爆、長崎原爆とも、原爆投下直後から残留放射能の調査がなされたものの、誘導放射能及び放射線降下物について、十分な実測値が得られておらず、ある程度本格的な調査がなされたのは昭和20年9月17日の台風の後である。DS86報告書自体、主たる内容は初期放射線による外部被曝線量の推定であって、残留放射能については1章を割くにとどまっており、しかもその内容も、風雨の影響がある以前に速やかには測定されず、……標本の偏りの有無も不明であることなどを明記した上での検討。

内部被曝について、ガンマ線及び中性子線以外にアルファ線及びベータ線が影響すること、外部被曝に比べ至近距離からの被曝となり人体への影響が大きいことを理論的に否定し去ることはできない。

したがって、DS86報告書における推定値は、残留放射線による外部被曝の評価に用いるとしても、不十分であり、内部被曝も含めた残留放射線の影響全体の上限を画するものであるとはいえない。

このように考えてくると、広島、長崎の被爆者に、ＤＳ86による計算値を超える被曝が生じている可能性がないと断定してしまうことはできない」

内部被曝には、ガンマ線と中性子線以外にアルファ線とベータ線が影響することを非常にはっきり言っています。その点は非常に重要です。

もう一つ大事なことは、「ＤＳ86」に対する明快な批判を書き込んでいることです。今なお、日本政府のよって立つものは、この「ＤＳ86」あるいは「ＤＳ02」と言われるものですが、この間の裁判で、これに対して批判してきました。最後の段階まで、それが一貫して変わっていないところが大事です。

内部被曝を無視したＤＳ86原爆線量再評価

日本政府が控訴の論拠にしているのは、ＤＳ86と略称される文書です。これは「原爆線量再評価」と言われるものですが、その第8章「臓器線量測定」では、放射線の入射方向、爆心地からの距離、地形や家屋の状況、遮蔽内の配置および被爆者の姿勢など多くのパラメータの変化を取り入れ、外部からの放射線による各臓器線量推定用のファントムが開発され、対象臓器の深さを考慮した計算が行われています。

ところが、この方式には次のような決定的な欠陥があります。

①　第8章臓器線量測定の計算はすべて、原爆炸裂時全身に入射した中性子線とガンマ線のみによる影響を想定していることです。言い換えれば、外部からの全身被曝を平均化したものにすぎません。呼吸などによって被爆者の体内に取り込まれ、被爆者の各臓器組織に沈着した放射

性核種から構成される極微小粒子が長期間、持続的、慢性的に照射し続けるアルファ線やベータ線の影響・内部被曝をまったく考慮していません。

② プルトニウムについては、長崎の被爆後20年以上たって採取された西山の土壌の中から、世界的な放射性降下物の数倍高い量が検出されたと述べるだけで、最強のアルファ線放出核種であるプルトニウムの人体影響をまったく無視しています。アルファ線はガンマ線に比し、単位長さあたりにしてははるかに高いエネルギーを飛程周囲の細胞・組織に与える高LET放射線であり、アルファ線を出す放射性核種が体内に取り込まれた場合、生体への影響がきわめて大きいことは、国内外の調査・研究で明らかです。

③ ベータ線放出核種セシウム137は、カリウムと強い親和性をもち全身臓器に広範に沈着（生物学的半減期約100日）しますが、DS86の内部放射線量計算は外部から照射されたガンマ線と中性子線とそれによって誘導された核種からのガンマ線に限定されていて、セシウム137とその放射系列から放出されたベータ線による被曝は考慮されていなません。第8章臓器線量測定では、骨髄をはじめ各臓器・組織内での線量分布を計算するための、さまざまな計算方法が紹介され、また実験実測値との比較がなされています。しかし、ここでも計算・測定の対象はガンマ線と中性子線に限られており、アルファ線とベータ線による内部被曝は、完全に無視されています。

内部被曝については、非常に明確なさまざまなデータが出てきていますが、アメリカ政府も日本政府も、それを公式に認め広く知らせるようにはなっていないのが現状です。

6　ビキニ水爆実験による内部被曝

ビキニ海域での水爆実験では海水が汚染されただけでなく、大気も汚染されました。それによる被曝が、ある意味では、典型的な放射性降下物による内部被曝の事例といえます。アメリカとイギリスは、１９４６年から62年にかけて、南太平洋地域でそれぞれ59回と20回、延べ79回も水爆実験を行ないました。しかも、広島、長崎の原爆に比べたら、1回の爆発が何百倍、何千倍というエネルギーで、それだけ放射性降下物も極めて大量のものがありました。

調査結果から明らかになったこと

水爆実験によって、ビキニ海域に住んでいた人たちと、そこでマグロ漁などを行なっていた漁師たちが被曝しました。１９５４年3月には日本のマグロ漁船の第五福竜丸が被曝し、世界中が非常に驚きました。それを受けて日本政府調査船の俊鶻丸が、5月15日に出港し、25日から現地で51日間調査を行ないました。海水汚染で最もひどいところは７０００カウントでした。汚染された海水は深さ１００m、幅10kmから数十kmにわたって、主に西のほうへベルト状にゆっくり流れているのがわかりました。周りの水と混じり合わずに、帯状に流れていくのが観測されています。そのときに、いろいろな種類の魚、プランクトンなどを調べ、その結果が報告書にまとまっています。

そして、第2次調査が2年後の１９５６年5月から6月にかけて36日間行なわれました。これは、ビキニ環礁の西のグアムから、トラック島の海域にまで範囲を広げて実施されました。このとき、アメリカが「レッド・ウイング作戦」と名付けた初めての高空爆発実験を行ない、大気中から著しい放射性物質が検出されました。第1次の調査ほどひどくはありませんでしたが、海水中からも検出されました。特に、このときの調査で衝撃的なのは、2年前の水爆実験によると思われる放射性物質が魚の体内から検出されたことです。しかし日本政府は、1954年11月に汚染マグロの放射性物質の検査をやめてしまいます。それもあって、海域調査も2次でやめることになりました。

俊鶻丸が調べに行く前には、「海は広いので、そういうものは大海に一滴を落としたようなもので、影響はない」と言われていました。しかし、そうではありませんでした。1954年の実験による影響と思われるものが、56年に魚の体内から確認されてアメリカや日本政府は驚きました。量は減っていましたが、海水中からも、54年の影響が56年の調査で把握されています。2次以降の調査は、事実が明らかになることを嫌ったアメリカが、圧力をかけてやめさせたのかもしれません。

その後は、国際地球観測年が1958年に始まって、世界的にいろいろな国が集まって地球環境全体を観測しました。このときに、海上保安庁の観測船「拓洋」がこの海域に出ました。

1958年7月14日の夜から、非常に高濃度の放射能が検出されました。雨では10万8000カウント、ちりでも1分間1㎥当たり92・3カウントでした。これは危ないということで、拓洋は船体をまずきれいに洗い、通風口を全部閉じて外の空気がそれ以上入らないようにし、18日にラバウル港に急遽避難し、28日には東京に向けて出港します。この頃、白血球減少を示した乗組員が続出し、熱を出すなど、放射線被曝特有のいろいろな症状が出てきました。14日に高濃度の放射能を検出してから28日に乗組員が発症するまでの間がちょうど14日です。放射線の影響を受けて、血球が非常に減少してくるのが大体2週間なので、ちょうどその頃に当たります。乗組員に対してどういう手当てをどの程度したかわかりませんが、８月７日に帰港して東京大学医学部付属病院に入院します。「急性放射線障害」という診断を受ける人も出てきて、大問題になりました。

しかし、当時たくさんの日本漁船が出漁していました。第五福竜丸などの事件があったにもかかわらずたくさん出ていて、その人たちは何も知らないまま操業を続けていました。また、韓国のマグロ漁船も、赤道より南で操業を続けていました。この人たちも非常に無防備な状態でした。大気圏内あるいは海水中での水爆実験をやめるのが１９６２年ですから、１９５８年の頃は、まだ盛んに実験を行なっていた時期です。

拓洋には、たくさんのマスメディアの人も乗っていたので、いろいろな新聞に報道されています。拓洋の乗組員や同乗していた取材陣も内部被曝を受けたものと思われます。

第五福竜丸の記録

第五福竜丸の乗組員の被曝については非常に詳細な記録があります。１９７６年に東京大学出版会から出された『ビキニ水爆被災資料集』（三宅泰雄・檜山義夫・草野信男監修、第五福竜丸平和協会編）にも、具体的な事例がたくさん紹介されています。特に、無線長だった久保山愛吉さんが半年後に亡くなり、ほかの乗組員たちにもいろいろな障害が出ているので、かなり具体的な臨床記録あるいは剖検記録があります。

そこでは、「内部被曝」という言葉が随所に出てきます。また、第五福竜丸の乗組員の被災については、アメリカも非常に注目していて、データを全部自分たちの手の内に置きたかったようです。乗組員であった大石又七さんから直接お聞きしましたが、当時、日本の医者や研究者たちがそれを許さず、頑

・23 名中、12 名（52.2%）が死亡
・死亡平均年齢：52.2 歳
・死亡 13 名内 7 名（53.4%）ががん死
・他に担がん生存：3 名
・発がん：23 名中 16 名（69.6%）

2007 年 7 月現在

表３－16　第五福竜丸の乗組員の被害

張ったようです。その記録の集大成がこの『資料集』で、そこから少し紹介します。

大石さんは、「外部と内部からの被爆による病気は、私たちが最初で前例がありません」と述べています。当時、すでに内部被曝という認識が医者や科学者の中にもあったし、被害者の中にもあったと思われる記述です。

その後の広島、長崎の被爆者たちの集団訴訟の過程で、広島、長崎の被爆者たちにも内部被曝があることが鮮明に浮かび上がってきました。つまり、前例はあったのですが、大石さんは、「広島、長崎の被爆者の場合は、『被爆者手帳』があるし、それから相談窓口もある。だけど、ビキニ海域で被曝したわれわれには、相談窓口すらない」と述べています。第五福竜丸の被曝者に対しては取り扱いが極めて悪かったのです。

大石さん自身も『死の灰を背負って』（新潮社、１９９１年）や『ビキニ事件の真実』（みすず書房、２００４年）、『これだけは伝えておきたいビキニ事件の表と裏　第五福竜丸・乗組員が語る』（かもがわ出版、２００７年）という本を書かれています。大石さんは、14歳で中学を中退してカツオ船の漁師になった方ですが、ビキニでの被曝の事実を伝えるために、本を書かれたのです。それによると、２００４年時点で乗組員23人のうち12人が亡くなっており。亡くなったときの年齢は、40代２人、50代５人、60代２人、70代３人と非常に若く、圧倒的に肝臓がんが多いのです。免疫不全状態でＣ型肝炎を併発して、肝硬変に移行した人もいます。生存者でも大石さん自身の肝臓がんをはじめ、2人の方が胃がん、皮膚がんで苦しんでおられます。その後2人が亡くなり、生存者は現在9人です。

延べ1000隻を超える漁船の乗組員

第五福竜丸が被曝した頃、延べ1000隻を超える漁船が被災したと推定されています。これについて丹念な調査をしたのは、高知県ビキニ水爆実験被災調査団で、高校生たちも熱心に加わり『もうひとつのビキニ事件』（平和文化）という本にまとめられています。1980年代に初版が出て、その後の調査を合わせた増補版が2004年に刊行されています。それによると、ビキニ海域で被災した漁船の所属は青森から鹿児島まで全国各地に分布していて、彼らに対して本当にわずかな慰謝料を配ったとのことです。この本にも「体内被ばく」という言葉が出てきます。

高校生たちが調べたなかで例として挙げているのが第二幸成丸です。この船は、1954年2月に出港しているので、第五福竜丸より前にそのビキニ海域に行っています。4月までの長期間操業していましたが、少し離れていたので、実験にはまったく気付きませんでした。しかし、死の灰を受け、4月15日に東京の魚河岸に帰ってきて調べたら、2192カウントというかなり高い放射能が船から検出されました。この船は、その後5月2日に今度はティモール海域に漁に出ました。その三日後の五日に実験が行われてフィリピン沖まで灰が降りましたが、そのときは大阪港に戻ってきて調べたところ86カウントでした。このように何回も実験海域に漁に出た結果、22名の乗組員の中で13名が亡くなっています。

また、新生丸は、高知県宿毛市の内外ノ浦から、最初のビキニ事件のときに操業に出ていて、かなり大量の灰を浴びました。「マストの横にせり出している棒にかなり積もった」という証言があります。東京に戻ったときには、「早く灰を流せ」ということで、あまり意識していませんでした。これは小さな船で乗組員は7人でしたが、6人がすでに亡くなっています。

沖縄の「ビキニ事件」

この水爆実験の被害の広がりが特に問題になるのは沖縄です。沖縄は実験海域に近いこともあり、アメリカの占領下で一番深刻な被害を受けたと考えられます。その実態は、きちんとした調査もなされないままに隠蔽されてきました。沖縄県の人たちは、一番深刻な影響を受けたにもかかわらず、ほとんどの日本人の知らないままに現在にいたっています。

当時、沖縄では住民の約80％が雨水をためて利用していました。飲み水と一緒に身体に入ってくる放射性物質もかなりあったと思われます。しかし、アメリカ軍の化学班は、雨水をためた容器にガイガーカウンターを差し出して、低い数値を示しているところを映像に撮らせ、「こんなに安全だ」というメディアコントロールをしたことがわかっています。ガイガーカウンターで調べるときは、水を蒸散させて、あとに残った灰のような沈渣を測定するものなのですが、知らないことをいいことに、水のところにガイガーカウンターを持ってきて、「大丈夫だ」とやったのです。

当時、琉球気象台がいろいろ調べていますが、その記録を見ても、17万カウント、16万5000カウントと、高いカウントが雨から検出されています。

高知のグループが調べた記録をみると、56日間、2000カウント以上の放射能雨が降っています。その中に、放射能で必ずしも同定されていない面もありますが、半減期の非常に長いストロンチウム

90やセシウム１３７があったことから、「それが、今でも沖縄の土の中に蓄積されていると見たほうがいい」と書かれています。

韓国の被害

水爆実験による被曝の影響は韓国にも及んでいます。日本の汚染されたマグロ漁船は、全部廃船にして台湾に売られ、それが回り回って韓国のマグロ漁に使われていくという流れがありました。また、アメリカのマグロ缶詰工場がサモアの辺りにあって、その工場の原材料を韓国の漁民に取らせました。サモアは、赤道より南なのでビキニからは少し離れていますが、実験海域に出漁させられたのです。明らかになってはいませんが、「韓国の漁民にも被害は当然あったと思われる」と高知のグループは書いています。

マーシャル諸島住民の内部被曝

水爆実験による非常に大きな問題として、マーシャル諸島の住民の被曝問題があります。実験から60年もたちますが、いまだに本来住んでいたところになかなか戻れない人が多いのです。さまざまな身体的な急性障害や晩発障害、発がんの問題以外に、生活そのものや文化まで、そこで暮らしていた人たちのすべてが根こそぎ奪われてしまったという意味でも、非常に重要な問題です。

「そこをきちんと研究しなければ、その人たちの人権や人間の尊厳の回復にはつながらない」と、当時早稲田大学大学院生、現三重大学教員の竹峰誠一郎さんたちがまとめた『隠されたヒバクシャ　検証＝裁きなきビキニ水爆被災』（前田哲男監修、凱風社、２００５年）で訴えています。

アメリカは、マーシャル諸島でいろいろな調査をずっとやってきました。アメリカ原子力委員会（1974年に廃止され、アメリカ合衆国エネルギー省に吸収された）が、データを全部持っていました。広島、長崎の原爆調査を行なったＡＢＣＣ（原爆傷害調査委員会）のように、徹底的にサンプルを集めて調査します。しかし、アメリカは、場合によっては組織や血液を採ってデータを蓄積しますが、治療は一切しません。

それがミクロネシア議会で議論されて、住民たちに対する補償の話がやっと表に出てきました。しかし、アメリカが被曝した島として認めているのは、ロンゲラップとウトリック、ビキニ、エニウェトクの4島です。しかも、補償されるのはその中のごく限られた人だけです。その補償の対象は、白血病とか、固形がんには胃がんや肝臓がんなどいろいろありますが、「35種類の病気と診断された場合には補償する」としています。

日本人漁民への対応よりは少しよいかもしれません。日本の場合は、第五福竜丸の乗組員は別にして、あの海域にいて被曝したそれ以外の漁民に対しては何の補償もありません。大石又七さんも、「アメリカのほうがまだいい」と書いています。ただ、深刻な問題として、被災地域を非常に狭く取っていることと、認定対象を非常に絞り込んでいることが挙げられます。

ここの住民のなかでも、内部被曝の結果と思われるものとして先天障害があります。高知県のグループはこの海域に住んでいる人たちの聞き取りもしましたが、「以前にはなかった流産が多く、死産もあり、いろいろな障害を持った子どもが生まれるようになった」という証言があります。血液のがんも含めた発がんの問題と、胎盤や卵子、精子を介した胎児の先天的な障害の両方が内部被曝の結果として、この地域にも出ていると考えるべきです。

ロンゲラップ島は、実験海域の中心からそれなりに離れていますが、１９０㎞と、東京を中心に考えると名古屋より手前で、「白い灰が３㎝も積った」という証言があります。また、ロンゲラップ島は約１・６㎢の小さい島です。今、アメリカがやっていることは、島の面積のわずか約10分の1で、深さにして約15㎝の表土を取って、入れ替えているだけです。それ以外はまだ放置しています。マーシャル諸島の人たちが背負った非常に深刻な被害の中で、特に内部被曝の問題は、今後に残される大きな問題になると思います。

内部被曝にいたる二つの危険性

ビキニ海域での水爆実験の結果、被曝した漁民、住民たちの被害の実態は、典型的な内部被曝に相当します。ロンゲラップの子どもたちは、砂浜に降り積もった灰の中で転げ回って遊んだと考えられ、食べ物や水とともに取り込んだものも多少ありますが、もうもうとしたほこりと一緒に体の中に取り込んだ放射性物質が蓄積することによる内部被曝が、一番大きな問題だと思います。

もう一つは、一般の消費者が食物から放射性物質を摂取してしまう危険性です。俊鶻丸の記録や日本に陸揚げされた汚染マグロの調査を見ると、マグロの内臓から大量に放射性物質が検出されています。しかし、筋肉に比べると内臓のほうが多いので、「マグロの肉は食べてもいい」ということではありません。それは比較の問題です。食物連鎖もあります。放射性物質が小さなプランクトンに蓄積され、それを小さな魚が食べ、それを大きな魚が食べるといったように、生態系の中で放射性物質が濃縮されていきます。それを最後に人間が食べます。その結果、高度の放射性物質を体内に取り込む恐れがあるのです。

7 「劣化」ウランと内部被曝

アメリカ軍は1991年の第1次湾岸戦争で320トンもの「劣化」ウラン弾を使ったのを皮切りに、旧ユーゴスラビア、アフガニスタン、そして2003年のイラク攻撃で、1000トンもの「劣化」ウラン弾を使い続けてきました。

「劣化」ウラン＝ウラン238は、「燃えないウラン」ともいわれ、原爆や原子力発電に使うウラン235を濃縮する過程で大量に生まれる「核のゴミ」です。アメリカは1940年代から、これを兵器として使う研究を重ねてきました。「劣化」ウランは放射性物質である同時に、重金属に特有の化学毒性をもっています。

「劣化」ウラン弾の攻撃を受けたイラクや旧ユーゴスラビアでは、白血病が多発し、先天障害をもった子どもが多く生まれています。また、これらの地域から帰還したアメリカ兵や従軍看護婦がさまざまなからだの不調を訴え、彼らから先天障害の子どもたちが生まれています。アフガニスタンでは、アメリカ・カナダの良心的な医学者の献身的な調査・研究によって、甚大な被害の一端が明らかになってきました。

アメリカ政府と日本政府は「劣化」ウラン弾を通常兵器と称し、それによって攻撃を受けた地域での発がんや先天障害多発との関連を否定しています。彼らは「劣化」ウラン弾の放射線・アルファ線は紙一枚通さないから安全だという宣伝を繰り返しています。しかしその主張は、「劣化」ウランの微粒子が体の中に入り込み周囲の細胞を被曝させる内部被曝の事実を、まったく無視したものなのです。

「劣化」ウラン弾

「劣化」ウラン弾が実際に普通の人たちに使われたのは、１９９１年のイラク戦争が初めてですが、特にクウェート国境に近い辺りで一番濃密に使われました。使ったのはアメリカ軍とイギリス軍ですが、主にアメリカ軍が砲弾に仕込んで使いました。ウラン２３８というのは、非常に原子番号の高い元素で、鉄に比べても、7倍超という比重の大きさです。

運動エネルギーというのは、重さと速度の2乗、つまり、どれだけの重さのものをどれだけのスピードを打ち込むかという、「質量」×「速度」の2乗に比例します。したがって、質量が大きくなるほど運動エネルギーが大きくなり、普通の砲弾では貫通できない戦車の装甲を簡単に打ち抜きます。そういうものとして、１９９０年代に入ってから盛んに使われるようになりました。

「劣化」ウラン弾が戦車の装甲を打ち抜いたとき、ウラン２３８は、摂氏４０００～５０００度の高熱で燃焼し、μm以下、さらにｎｍの微粒子になって空気中を浮遊（エアロゾル）し、風に乗って数千km離れたところまで飛び散ります。

比較的粒の大きいウランの粒子は、それほど飛ばずに近くに降り積もります。そこで子どもたちは、走る、寝転がる、取っ組み合いをする。舞い上がった土ぼこりとともに、「劣化」ウランを吸い込んだり、汚れた手を口に入れたりして体内に入ります。傷口から入るものもあります。

煙のように空気中を漂う「劣化」ウランを吸い込むと、呼吸運動によって細気管支・肺胞まで到達し、沈着します。落下して土や水の中に蓄積した「劣化」ウランは、飲み水や牛乳、肉や魚や野菜など、いろいろな食べ物とともに摂取され、おもに小腸から吸収されます。

肺や小腸から取り込まれた「劣化」ウランは、血液やリンパ液に混じって骨髄や生殖腺にまで到達し、長期間体内に残留するのです。

イラク兵やカメラマン、アメリカ兵などがさまざまな障害を受け、彼らの子どもたちが先天障害や白血病など悪性腫瘍を背負った事実は、父親が「劣化」ウランによって被曝したためと考えられます。つまり、父の肺あるいは小腸を介して睾丸に到達した「劣化」ウランが精子に障害をもたらし、その結果が子どもたちに現れた可能性が高いのです。

「劣化」ウラン弾の被害

表3–17は、ジャワド・アル・アリ博士が作成したバスラにあるがん専門病院のデータです。白血病、リンパ腫、脳腫瘍、腎臓の腫瘍、神経腫瘍などが、1998年当時と比べてだんだんと増えています。他の疾病に比べ白血病が少し早く出てきます。戦争が勃発したのが1991年ですから、約10年後からだんだん増えています。

もう一つは、先天障害の増加です。図3–19グラフをみると、1990年と比べて途中からかなり高率に生まれてきています。

がんと同様に戦争開始から10年足らずで増えている様子が読み取れます。最近のイラクの産婦人科でお母さんたちが真っ先に聞くことは、「男の子ですか、女の子ですか」ではなくて、「五体満足ですか」ということだそうです。

さまざまな障害が現れていますが、写真3–20は「神経芽腫」という腫瘍が発症した幼い女の子で

Incidence of malignant disease among children in Basrah

Year	1998	1999	2000	2001	2002
Leukaemia	24	30	60	70	85
Lymphoma	9	19	13	18	35
Brain tumour	2	2	3	3	7
Wilms tumour	0	3	0	-	6
Neuroblastoma	4	6	3	2	12
Others	3	5	13	7	15
Total	42	65	92	100	160

表3－17　バスラの出生児における悪性疾病の発生数
提供：アル・アリ医師

CANCER MORTALITY IN
BASRA AFTER 1991COMPARED WITH
THE YEAR 1988

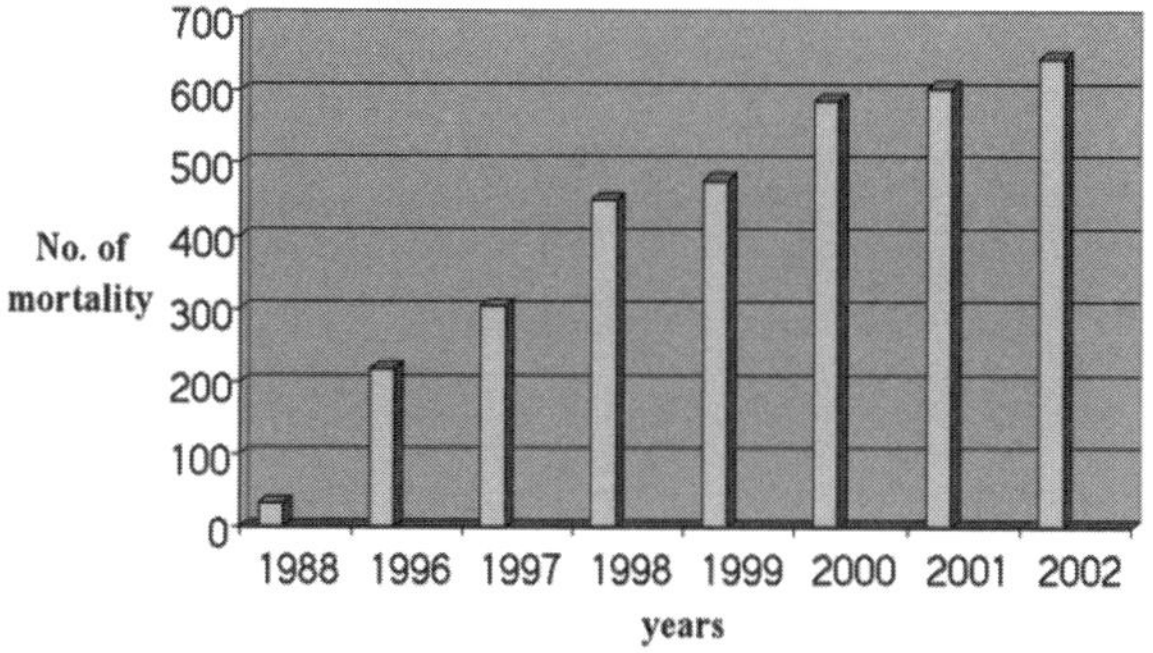

図3－18　1988年と1996年以後のバスラにおけるがん死亡者数の比較
提供：アル・アリ医師

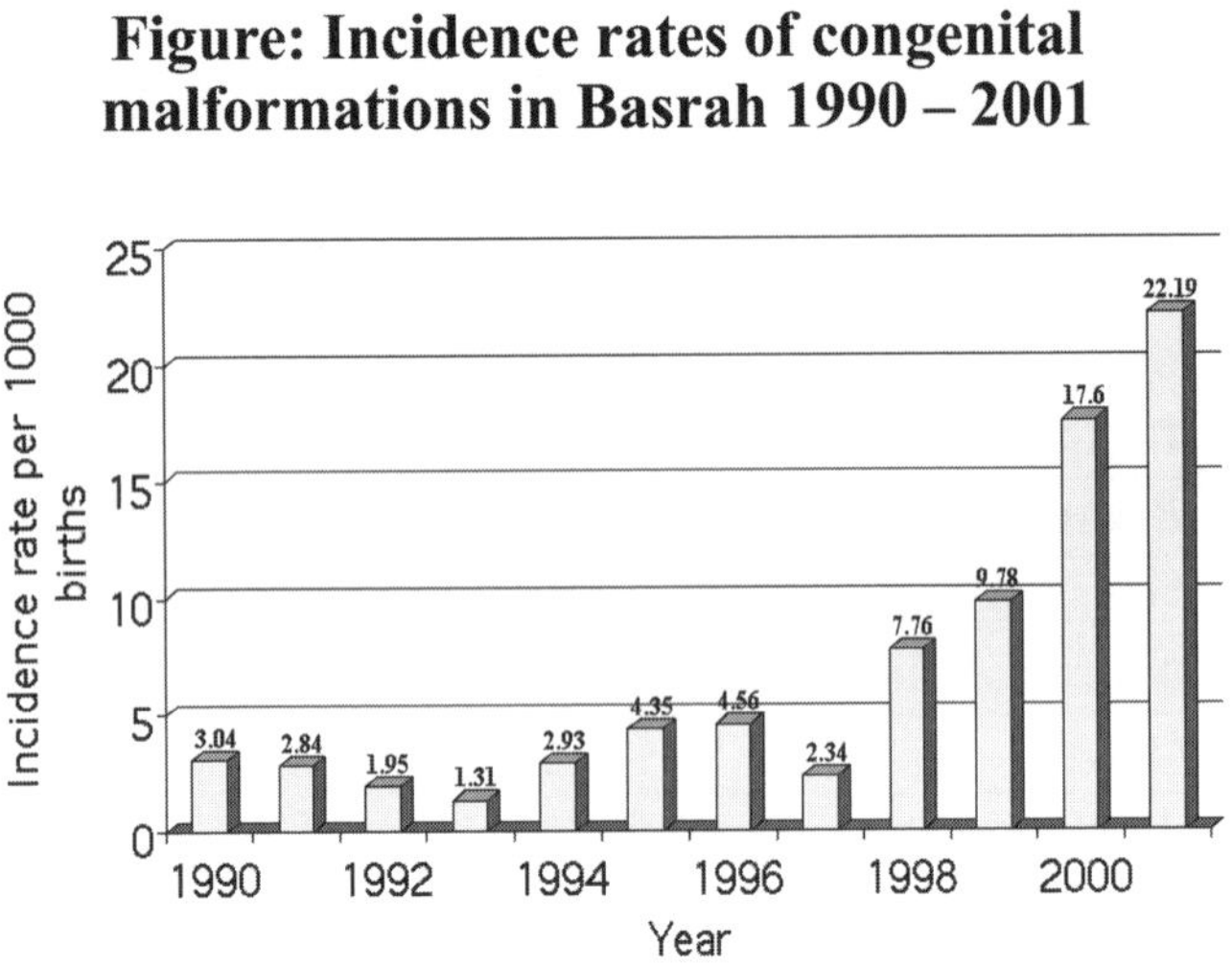

図3－19　1990 年から 2001 年のバスラにおける先天障害の発生率
提供：アル・アリ医師

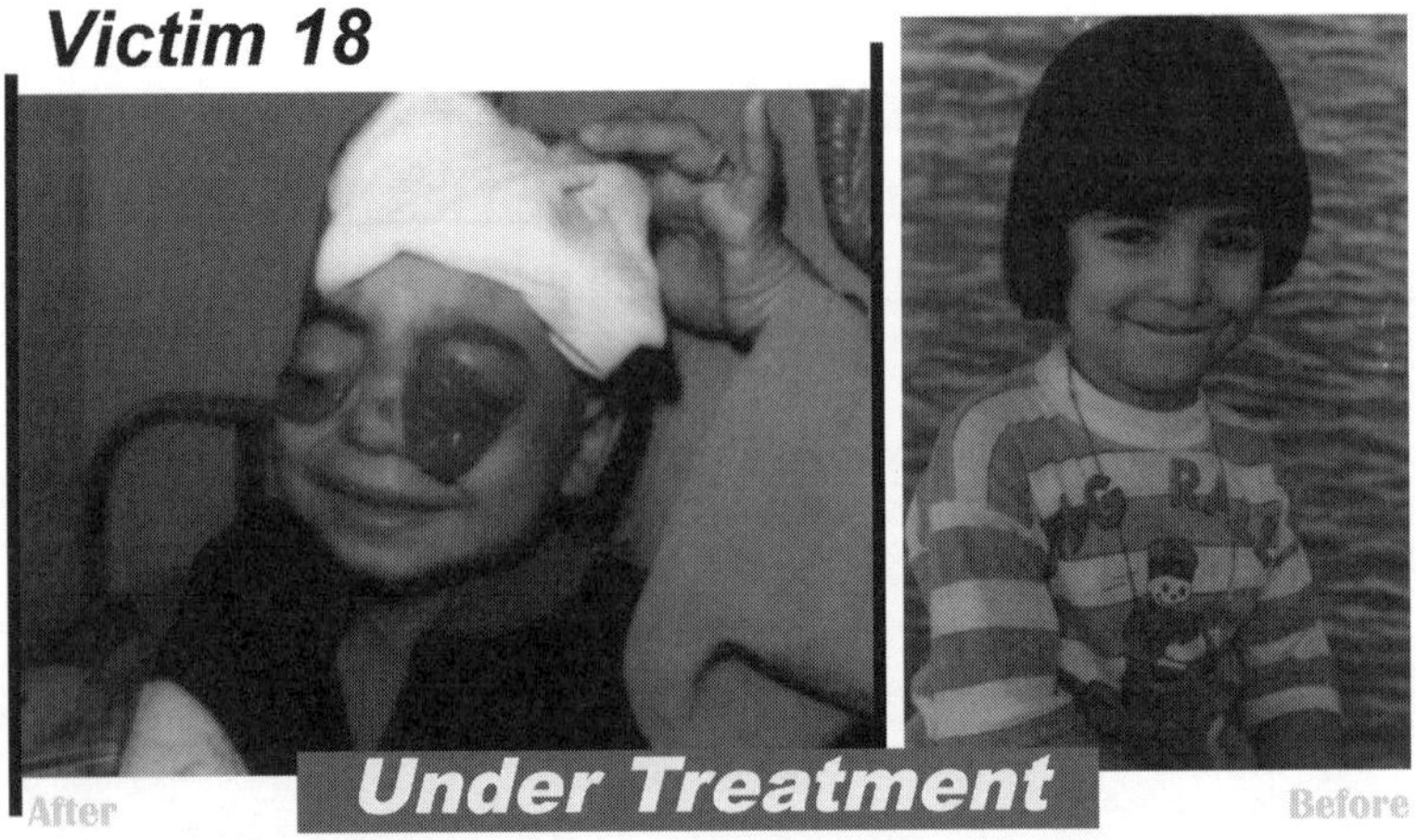

- Ali Hamed Abbood
- Age : 6 Years
- Date of Disease : 1999
- Father's Job : Soldier
- Address : Basrah – Al-Maqal
- Neuroblastoma

写真3－20
提供：アル・アリ医師

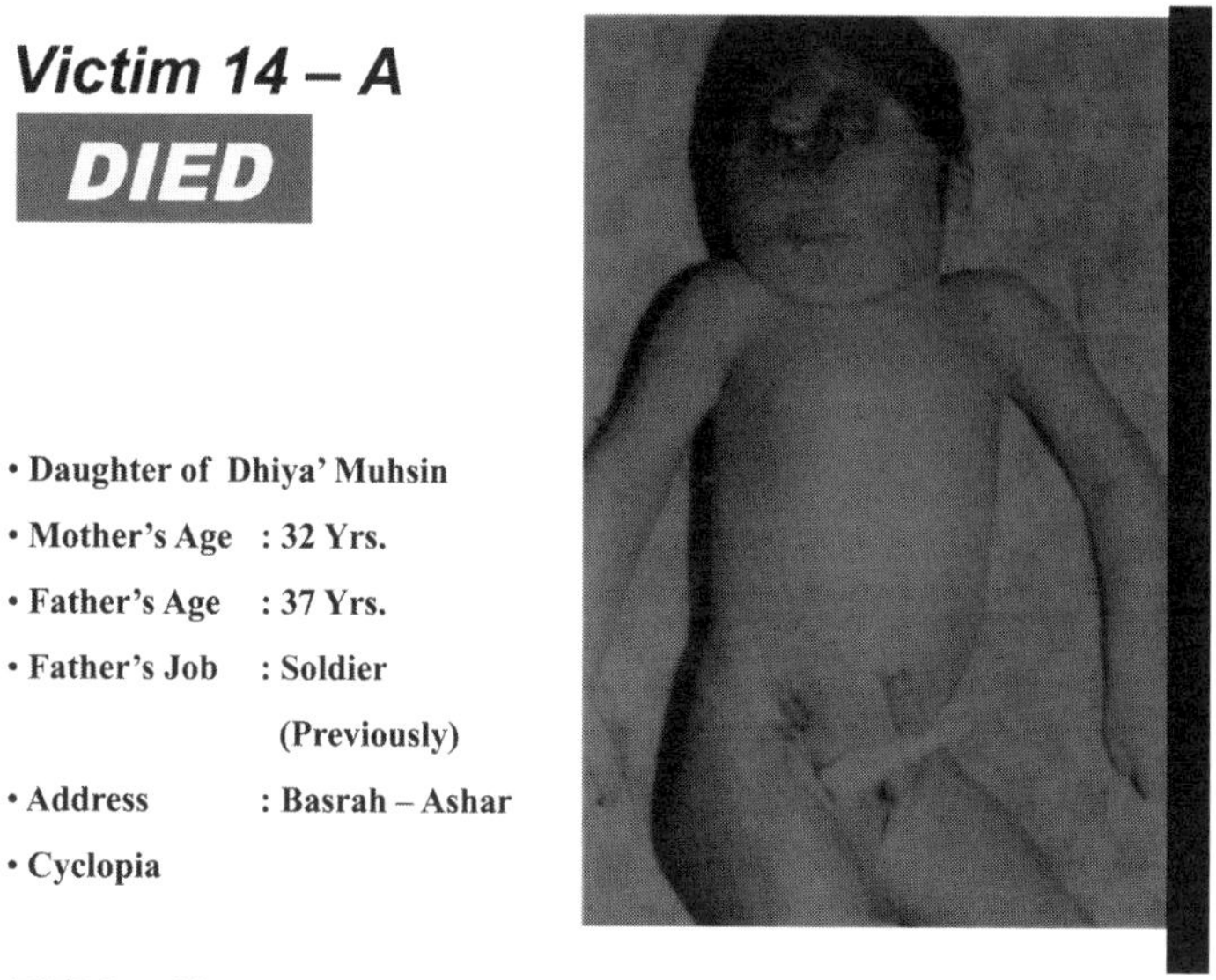
Victim 14 – A
DIED
• Daughter of Dhiya' Muhsin
• Mother's Age : 32 Yrs.
• Father's Age : 37 Yrs.
• Father's Job : Soldier (Previously)
• Address : Basrah – Ashar
• Cyclopia

写真3－21
提供：アル・アリ医師

す。右が発症する前の写真で、左が発症したあとです。父は兵士です。白血病の子どもは外見上はあまりわかりませんが、非常に痛ましいというか、非常につらいものを背負わされている子どもがたくさんいます。写真3-21は先天障害をもって生まれた子どもです。お父さんは兵士で、被曝した父親の精子を介して子どもに異常が起こることがわかっています。

イラクの場合は、時を経てさらにもう1回攻撃をかけているので、その影響が今になって重なって出ています。

「劣化」ウラン兵器は、アフガニスタンとコソボでも使われました。アフガニスタンの詳細なデータは私の手元にはありませんが、コソボについては染色体異常を調べたデータがあります。放射性物質に比較的特異的に出てくると言われている染色体異常が、兵士の場合は多いという結果が出ています（表3-22）。

染色体異常の仕組みを示したものが図3-23で

湾岸、バルカン戦争従軍兵士 16 名と対照群のリンパ球の染色体異常（Shroder　H；2003）		
	二動原染色体＋環状染色体(細胞 1000 あたり)	姉妹染色分体交換（細胞 1000 あたり）
従軍兵士	$2.6x10^{-3}$	$4.2x10^{-3}$
対照群	$0.46x10^{-3}$	$6.2x10^{-3}$

(Schroeder H；2003)

様々な染色体異常があるが、SCE は広い意味での変異原性を、二動原性染色体、転座、環状染色体などは放射線障害に比較的特徴的

表3－22　湾岸、バルカン戦争従軍兵士 16 名と対象群のリンパ球の染色体異常

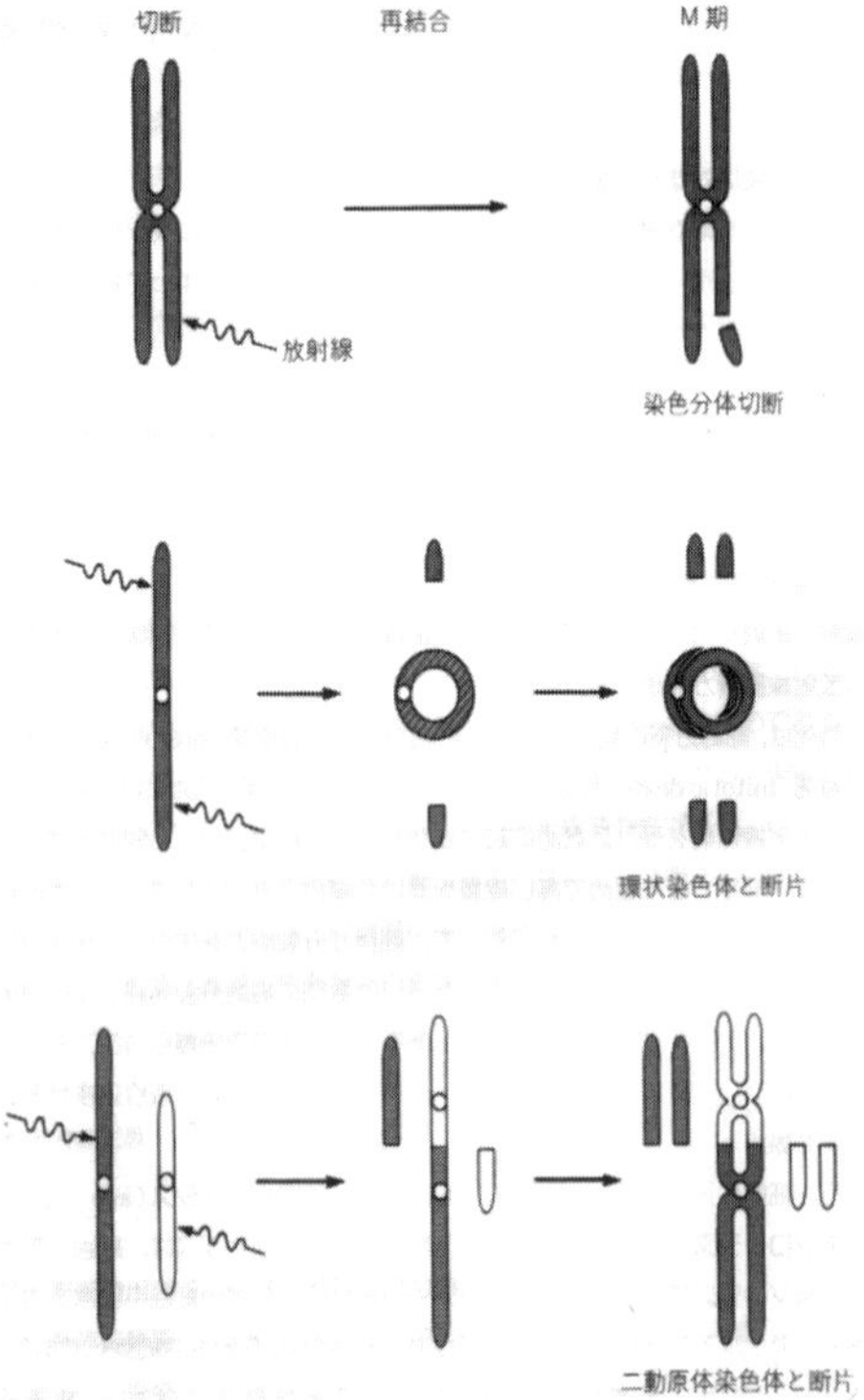

図3－23　染色体異常発生の仕組み

す。環状染色体異常も二動原体染色体異常も、放射線のアタックによって障害を受けた染色体が、その修復の過程で元の格好に戻らずに異常なつながり方をしたものです。これが先天異常の原因にもなり、がんを発症するもとになります。「発がんと先天障害はかなり重なり合っている」と言われるのは、そのためです。

「劣化」ウラン弾はどのように体内に入り込むのか

「劣化」ウラン兵器は、見たところはよくわからず、触れてもよくわからないという、反応が非常にゆっくりしたものというのが大きな曲者です。摂氏５０００度という高熱で爆発的に燃えて小さな粒になり、場合によってはｎｍのオーダーにまでなります。それが主に肺から取り込まれて、全身の各臓器に行きます。粒の小さなものは、胎盤のバリアを超えて胎児まで至るところが非常に問題です。

「劣化」ウランの微粒子を吸い込んだとき、最初に沈着するのは肺です。肺内には、直径１５０μｍくらいの袋・肺胞がいっぱいつまっています。肺胞に空気を運ぶ道のことを気管支といい、枝分かれして細くなった肺胞に近い部分を細気管支といいます。肺胞には毛細血管が網の目のように分布しており、空気中から酸素を血液中に取り入れ、逆に血液中の炭酸ガスを空気中に出す働き（呼吸）をしています。

肺胞を拡げると、成人ではテニスコート1面くらいの広さになります。つまり肺は非常に広い面積でもって外界（環境）と接している臓器なのです。成人の普通の呼吸では、1日に50ｍ公認プールいっぱいほどの空気が、肺に出入りします。

肺気腫症の肺は、肺胞構造が壊れて穴だらけになっているため呼吸面積（毛細血管の中の赤血球と空気が触れる面積）が狭くなって、充分酸素を取り込めず呼吸が難しくなるのです。

肺に沈着した「劣化」ウランの微粒子は、そこから全身の各臓器に運ばれます。細気管支や肺胞に沈着した「劣化」ウランの微粒子は、そこでアルファ線を出し続け、肺がんを引き起こします。また食細胞に貪食され、肺から血液やリンパ流に乗って全身に運ばれます。

造血臓器である骨髄に沈着した「劣化」ウラン粒子は、周囲の細胞に障害を与え続け、白血病の原因となります。

胎盤にいたった粒子は胎児のＤＮＡにキズをつけ、先天障害を引き起こします。

「劣化」ウラン＝ウラン２３８（5μm大の場合）は、約17時間に1回（年に約５００回）の割合で崩壊し、アルファ線を出します。アルファ線の飛程は体内では40μm前後ですが、細胞1個の大きさが約８～20μmであることを考えれば、1個のアルファ粒子はその周囲にある約60個の細胞に影響を及ぼすと考えなければなりません。しかも人体の各臓器・組織に沈着するアルファ粒子は1個ではなく、数え切れないほどの量になります。そして、ウランが体内にとどまっている限りは半永久的に放射線を出し続けます。「半減期は45億年」と言われている厄介なものです。

このように「劣化」ウラン弾は大変危険なものなのです。「劣化」ウラン弾による内部被曝の事実と仕組みを知っていれば、アメリカ政府や日本政府のいう、『「劣化」ウランの放射線は紙1枚通さないから安全だ」論のウソは、簡単に見破ることができます。

内部被曝の影響は無視されてきた

ウラン鉱から掘り出したウランの約99・3％がウラン２３８で、残り約０・７％がウラン２３５です。ウラン２３５の比率を高めて１００％近くまで濃縮したものが原子爆弾で、４％前後に濃縮したものが、原子力発電所で燃やされている燃料となります。原子爆弾や原発の原料を作る濃縮の過程で大量のウラン２３８が産業廃棄物として出てくるのです。日本の原発の燃料の８割がアメリカで濃縮されています。原子力発電所を稼働させればさせるほど、「劣化」ウランが生み出されるのです。そういう意味では、私たちの生活と密につながっているものです。

アメリカは、日本の沖縄、鳥島を実験場にして「劣化」ウランの実験を行いました。そこは汚染された地域として、もうどうにもなりません。琉球大学の矢ヶ崎克馬さんが、その実態について研究をしています。韓国では梅香里（メヒャンニ）の島で実験が行なわれ、島は人が住めない状況になりました。

そういう大変厄介な兵器を造り出して、人や環境に悪影響を与えている。これを何とかやめさせなければならないのですが、根本的な解決には程遠い現状です。

「劣化」ウランが自然環境や健康に与えた影響に関しては、本来国連環境計画や世界保健機構（WHO）が大規模な実態調査・疫学調査を行なうべき重要な課題であると考えられますが、今のところ動きは限られています。「大量破壊兵器」の査察で名を馳せている国際原子力機関（IAEA）の同意なしに、WHOが「劣化」ウラン弾の被害調査をしたり、調査結果を公表することが困難だとも言われています。

内部被曝の影響も無視されてきました。国際的にもっとも権威があるとされている国際放射線防護委員会（ICRP）の勧告は、被曝した微小領域で本来規定すべきであるが、臓器当たりの平均量で評価することを規準とするとして、内部被曝を無視してきました。内部被曝に関しては、ラドン鉱山労働者の障害がわずかに紹介されているだけであり、記述の基礎になったデータのほとんどは、広島・

長崎の急性・外部被曝の影響をもとにしたものです。ＩＣＲＰは結成された１９５０年当初、外部被曝委員会のほかに、内部被曝について検討する委員会を備えていたのですが、まもなく活動を停止してしまいました。

そのような中、１９９７年、ヨーロッパ放射線障害委員会（ＥＣＲＲ）が活動を開始しました。原発解体にともなって生まれる大量の核廃棄物や放射化された鋼材を、一定以下の低レベルであれば、一般の産業廃棄物とともに処理をして良いとする法案（クリアランス法案）がＥＵ議会に上程されようとしていたときでした。この無謀な法案を阻止するために、ＥＣＲＲは結成されたのです。ＥＣＲＲは２００３年に発刊した勧告のなかで、ＩＣＲＰの研究方法の重大な誤りを指摘しました。すなわち、高レベル・急性・体外被曝モデルは、低レベル・慢性・内部被曝モデルとは相容れないものとして、はっきり分けないといけないと提言したのです。62ページの図3-14をもう一度見て下さい。外部被曝モデルには、原爆被爆生存者が例に挙げられており、「直線的しきい値なし」モデルとされています。

これに対して、内部被曝モデルとして、セラフィールド核廃棄物再処理工場周辺住民の白血病、アイルランド海岸住民への影響、チェルノブイリの子どもたち、原子爆弾放射性降下物質による悪性腫瘍、湾岸戦争従軍兵士たち、イラクの子どもたちなどが挙げられ、これは「バイスタンダー細胞反応モデル」とされています。

ここに例として挙げられている原子爆弾放射性降下物質による悪性腫瘍は、広島・長崎の爆心地域に原爆投下後に入った人たちの被曝が含まれます。これらの人たちは悪性腫瘍以外にもさまざまな放射線障害に苦しめられてきました。

広島・長崎の原爆投下時爆心から２・５㎞以遠にいた人は、初期放射線が無視できる線量なので、被爆者援護の対象にならないとされてきましたが、実際には深刻な急性障害や後になって障害を訴える人たちが多かったのです。それは「黒い雨」など放射性降下物や誘導放射化残留放射線による内部被曝と考えられています。

内部被曝を無視した国際放射線防護委員会の急性外部被曝モデルは、根本から見直さなければなりません。

8　トロトラストによる発がん

トロトラストとは

トロトラストは、一般の方には知らない人も多いと思いますが、医者の中では、若い医者は別にして、割によく知られています。これは一種の医療過誤です。

トロトラストとは、二酸化トリウムというトリウム232をコロイド溶液にして、血管造影剤として使った医療行為で、ヨード剤でのアナフィラキシーのような急性の毒性がないこともあって導入されたものです。特に第二次世界大戦中、兵士に多く使われ、「造影剤として約2万人に使った」とも言われています。私たちがおなかのレントゲン写真を撮ると、トロトラストの跡だとわかる人が何人かいました。

肝内胆管がん

トリウムは約140億年で放射線の量が半分になります。生物学的な半減期でも400年で、40

0年も生きる動物がいるのかと思います。つまり、いったんそれが肝臓に入って沈着すると、死ぬまでそこに居つづけます。発症までには差がありますが、投与されてから20～30数年で肝腫瘍を発症します。

胆管は、肝臓で作った消化液の胆汁を十二指腸で外分泌します。その途中にプールがあって、それが胆嚢です。「熊の胆《い》」もそうですが、そこで濃縮します。胆管は、肝外だけでなく肝臓の中にも枝分かれして分布しています。その肝内胆管に出てくるがんで、「肝内胆管がん」と言われているものが一番多いのが特徴です。

トロトラスト以外で、たとえば、ウイルス性の肝炎から肝硬変、そして発症する肝がんは、肝細胞がんが多いです。トロトラストの場合は、肝内胆管がんが一番多く、そして肝細胞がんや血管肉腫もけっこうあります。相対リスク（オッズ比）を見ると、ウイルスが原因と考えられる肝がんの肝細胞がんを1としたときに、肝内胆管がんは64倍で、血管肉腫にいたっては１６００倍と非常に高リスクです。

発がんの機構

従来の放射線がんのメカニズムでは、放射線により二重鎖切断やクラスター損傷でＤＮＡに傷が付いたときに、修復のメカニズムが働きます。ＤＮＡの傷が修復されないとその細胞は死に、完全に修復されれば正常細胞に戻ります。それに対して、修復の過程で別のところにつながる間違いが起きて、不完全な修復になると発がんにつながります。

トロトラストの場合は、体内に注入されたトリウムをマクロファージ（食細胞）が貪食《どんしょく》します。マクロファージは肝臓の中を動くと考えられていて、動いた先で放射線が出ます。アルファ線が細胞の中のＤＮＡを直接損傷することがあります。

それと同時に、エピジェネティクス変化が起こります。これは、遺伝子に直接傷を付けなくても異常が起こってくるという意味です。「バイスタンダー効果」と言われるもので、ＥＣＲＲは、「バイスタンダー効果は非常に大事だ」と言っています。それは、細胞そのものが直接被曝していなくても、その近隣の細胞が被曝すると細胞からの情報が伝達されて、直接被曝と同じ放射線の影響を受けることがあって、一つの集団の中で遺伝子異常が起こってくるという考え方です。

このような過程を経てがん関連遺伝子に変異が起き、あるものは肝内胆管がんになり、あるものは血管肉腫として発症します。長崎大学医学部病理の研究者は、これらトリウムが原因の肝臓のがんで亡くなった方の病理組織を調べて、トリウムが照射するアルファ線の飛跡を確認しています。

このトロトラストの発がんについては、東北大学の加齢医学研究所の病理を中心としたグループが、非常に詳細なデータベースを作っています。トロトラストによる発がんは、「典型的な内部被曝によるもの」ときちんと書いています。このデータベースは症例番号があって、クリックすると一人ひとりの患者のデータがファイルされています。何歳のときにトロトラストを注射されて、何年後に発症して、どういうタイプのがんであったかが読み取れます。内部被曝による発がんを考えるうえで、このトロトラストはもう一度一般的にも知られて関心をもってもらうといいと思っています。

9　天然に存在する放射性物質を掘り出すことの意味

放射線の危険性

１９９９年9月に起こった茨城県東海村のＪＣＯの臨界事故は注目を浴びました。この事故では、外部からの被曝もありましたが、体内にも放射性物質を取り込んで、３人の作業員のうち２人が亡くなりました。

原因は急性被曝です。急性に被曝したときは、「皮膚の機能もなくなる」と報告されています。発熱はほとんどなかったのですが、「造血臓器」と言われている骨髄機能が破壊されてしまいました。大内久さんのほうがひどくて、18グレイの線量だったということでした。

全身に被曝したときの半致死線量は４グレイ、１００％死亡するのは８グレイです。４グレイを浴びれば半分の人がすぐ死亡するので、大内さんの18グレイは大変な量です。全身に浴びて内部にも取り込んだと思いますが、内部被曝の評価はなかなか難しいので、トータルすると実際にはもっと多かったかもしれません。この人たちは、原爆被爆者とは異なり非常に手厚い医療を受けたのですが、結局は亡くなりました。これは、一つの非常に激しい例です。

天然に存在する放射性物質

放射線は天然にも存在して、人類はこれをある程度浴びながら生き延びてきました。１５０億年前の宇宙の誕生の当時は、今とは比較にならないほど大量の放射線がありました。１５０億年かけて半減期の短いものは環境からなくなっていき、半減期の非常に長いものだけが今に残っていると考えられています。地球の誕生は、46億年前とされています。

ウラン２３８の半減期は45億年です。見るとベータ核種もありますが、アルファ核種が多いです。これが今、地球の中にあって、多くのものはかなり深い場所にあります。

それ以外に、宇宙線由来のものもありますが、多くは地球が生まれた当時から、今まで生き延びてきた核種です。それを掘り出して使うことによって、何が起こるかがポイントです。

ウラン２３８の崩壊系列

図３‐24はウラン２３８がどのように崩壊して別のものに変わっていくかを図示したものです。ウランからトリウム、プロトアクチニウム、ラジウムと変わっていきます。ここまでは個体で、ラドンになると気体に変わります。ラドンはキーになる物質です。これがまた崩壊して、ポロニウムになります。ポロニウムは、２００６年11月にイギリスで発生した元ロシア連邦保安庁（ＦＳＢ）情報部員アレクサンドル・リトビネンコの不審死事件で、ポロニウム２１０が被害者の尿から検出されたことが明らかになったことなどで話題になりましたが、それがビスマスになり、鉛になって安定したかたちになります。１次放射性核種のなかでトリウム２３２、ウラン２３５、ウラン２３５は、「アルファ崩壊」と「ベータ崩壊」を何度も繰りかえして鉛になるわけです。このことを放射崩壊系列と言います。

大変長い時間をかけて崩壊していきますが、これらのものが現在地球にあります。ラドンは、化学的にはあまり活性はありませんが、これだけが気体になります。そこからまた常温で固体になります。問題は、ポロニウム２１８と２１４です。これがガス状のラドンになり、肺に吸い込まれて吸着し

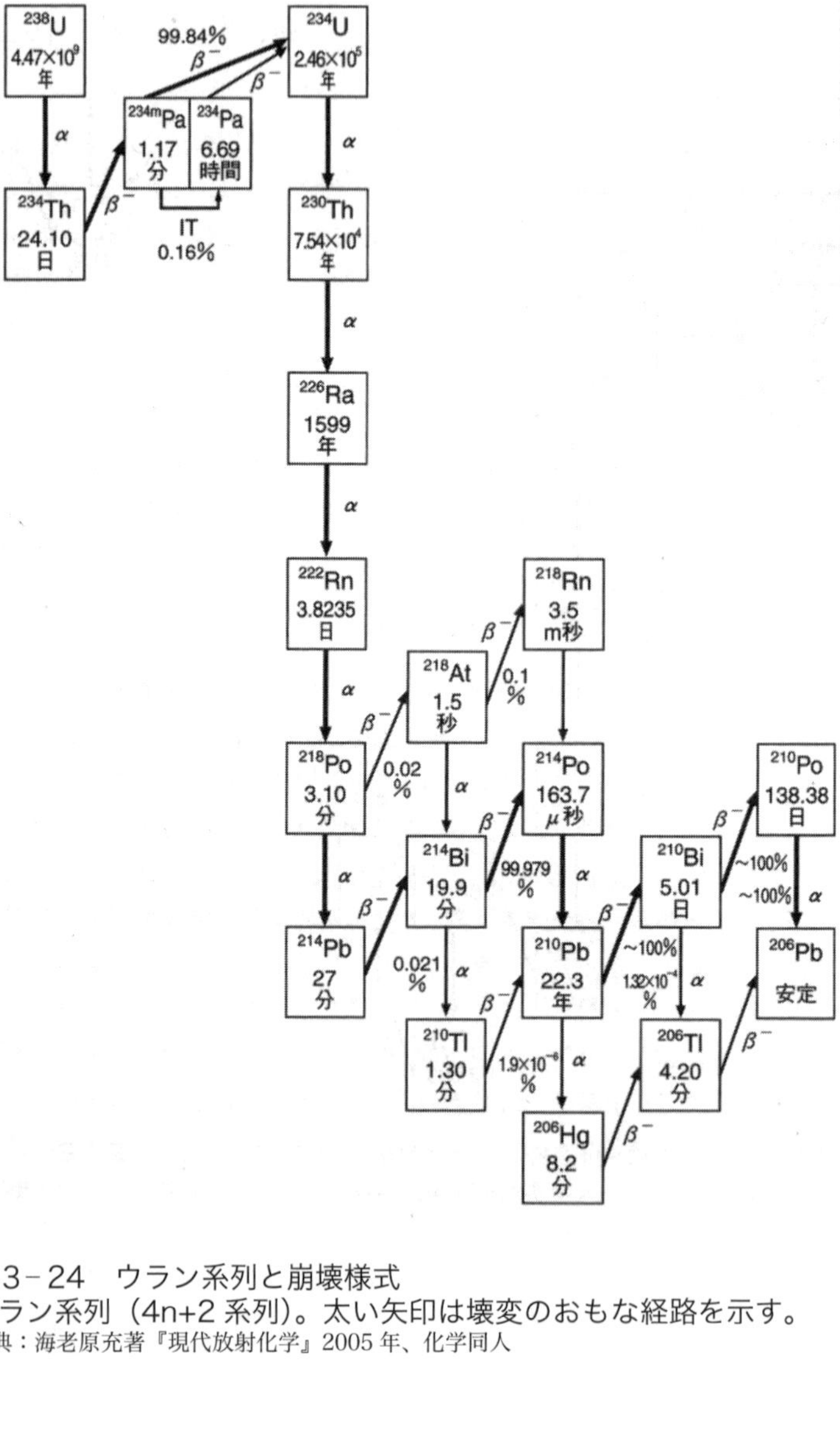

図3−24　ウラン系列と崩壊様式
ウラン系列（4n+2 系列）。太い矢印は壊変のおもな経路を示す。
出典：海老原充著『現代放射化学』2005 年、化学同人

ます。これが発がんや先天障害の原因にもなります。

天然の放射性核種からの被曝

ラドンは天然でも地下から出てくる場合があって、そのガスの中に非常に微細な粒になったポロニウムが混ざっていることがあります。内部被曝の中で一番影響しているのは、ラドンとその娘核種です。天然の放射線は、「人間がその中で生きてきたのだからあまり怖くない」という論もありますが、それにいろいろ人為的・人工的なことが加えられると、人間の生活空間にも出てきます。

いろいろな環境因子や人工的なものが加わることによって、天然の放射性物質の濃度・密度も変わると考える必要があります。

日本のウラン鉱

人形峠はかなりウランの採掘をしたので、よく知られています。ウラン採掘によって鉱夫の健康障害の問題も起こり、周囲の環境にもかなり大きな影響を及ぼしたことがわかっています。住民が核のゴミの撤去を求めた人形峠ウラン公害裁判も起こされています。

人形峠よりもっと多量の高レベル放射性廃棄物を六ヶ所村から持ってきて処分するための候補の一つに、岐阜県の木曽川流域の東濃があります。そこに、２０００トン近いウラン埋蔵量があるので、人形峠などのものと合わせると３０００トン近くになります。

では、日本のウラン鉱から採掘されるウランを全部使うと、どの程度原発を動かすことができるかというと、１００万キロワットの出力のある原発では年１９０トン必要なので、ほんの少ししか動きません。だから、人形峠のものは結局うまくいかず、掘り出したウランを含んだ産廃の山があちこちにそのままになっています。核のごみばかりを生み出して、結局役に立たなかったのです。日本の核燃料としてのウランはほとんどが外国からの輸入です。ウラン濃縮は、ほとんどアメリカ合衆国でやるため、アメリカ各地に大量の核のごみを出しています。

大量に生活の場に出てくる放射性物質

皆さんはモナザイトという物質をご存知でしょうか。ラドン・トロン温泉などとして、温泉で使われています。日本では、このモナザイトは取れないので、すべて外国からの輸入です。モナザイトは非常に高濃度のトリウムを含んでいます。

インドから輸入していましたが、最近の報道では、インドは重水型の原発を開発しているということです。重水素の酸化物の重水を使うと、必ずしも濃縮しなくてもトリウムやウランも発電に使えます。インドにはトリウムを含む鉱石がたくさんありますが、自国で使うのでモナザイトの輸出は許可されていません。

鉱山労働者の被曝

先ほども話したように、人形峠で坑内作業をしていた人たちの被曝の問題があります。絶えず掘削をしていたときの坑内のラドン濃度は大変高いものでした。

掘削をやめたあとは、2桁、3桁下がっています。そのような高濃度のラドンがある過酷な環境下で労働者が働かせられていたことから、この人たちの肺がんの発症は前から問題になっていました。

酸化チタン産業廃棄物

チタンからはウラン238とトリウム232がかなり出てきます。チタンもすべて外国から輸入しています。国内では、岡山市、大阪市、神戸市、四日市市、いわき市、宇部市、秋田市で7つの企業がチタンの精錬工場を稼働していました。その中で群を抜いて多いのが、四日市市の石原産業です。

チタンの精錬の過程でウラン、トリウム、六価クロムという有毒な物質を含む廃棄物が出てきます。石原産業は、その廃棄物に「フェロシルト」という名前を付けて、「埋め戻し材として農地に使うとよい」と商品化し、かなり大量に売り出しました。これには三重県の当時の北川正恭知事が一枚かんでいて、商品化にお墨付きを与えました。このようなアルファ核種で、しかも、半減期の非常に長いウランやトリウムを含む産業廃棄物を商品にして売るのを行政が許可したのです。農地にまかれたのは、三重県、愛知県、岐阜県などが多く、人体に入ってくる可能性があります。

石原産業は、四日市公害のときにも、伊勢湾に大量の強酸性の硫酸を捨てて、近くの漁業に大きな被害を出しました。

また、チタン鉱石の輸入に関しては、1990年の段階で当時の通産省、厚生省、労働省、科学技術庁が、「チタン鉱石問題に関する基本的対応指針」を出しました。その中で、「鉱石の輸入にあたっては、事前に放射線のチェックを行うこと。極力放射線レベルの低い鉱石を輸入すること」と指示しています。

たとえば、アジアの国から輸入するときに、放射線レベルを下げるために、当然現地に放射線を含む部分が残ることになります。「日本には放射線の少ないものを持ってこい」ということは、「放射線の多いものは現地に残せ」ということです。それが日本政府の考え方です。

そもそも、地下深くにある放射性物質を掘り出すことによって、私たちの生活のごく近くにそれが出てくることになります。商品化して畑などにまかれたもの以外にも、おそらく不法に産業廃棄物として捨てられているものもあると推測されます。つまり、世界中で地下に眠っていた放射性物質が掘り出され、私たちの生活空間に運ばれて、胎児や子どもを含めて、私たちの体内にまで入ってくる時代になっている、そのように問題を見ることが大事です。

世界に広がる放射能汚染

もう20年も前に、キャサリン・コーフィールドという人が『被曝の世紀――放射線の時代に起こったこと』（朝日新聞社、１９９０年）という本で、世界各地で何が起こっているかを紹介しています。特に、原子爆弾、水素爆弾の開発の歴史と、劣化ウラン兵器にみられるウラン２３８に目を付けたプロジェクトがすでに１９４０年代に具体的なかたちになって出てくる時代的背景を描くと同時に、核実験や核濃縮の現場、核廃棄物の投棄場・処理場での健康障害の問題についても指摘しています。

ヴィルヘルム・コンラド・レントゲンがX線を発見したのは１８９５年なので、それから１００年。あるいは、マリー・キュリーがいろいろな放射性物質の特性を明らかにしてからも１００年です。１００年の歴史の中で、特に１９４０年代以降の70年、大量の放射性物質が掘り出され、自然環境、生活環境の中に持ち込まれて影響を及ぼす時代になりました。ここで紹介したのはその一部です。

数％に濃縮された、原子力発電所の中で燃やすためのウランを得るために、どれだけ大量のウラン２３５やウラン２３８が必要とされ、さらにそのための膨大な量のウラン鉱石が掘り出され、残土が生じるか。多くは、そのまま産業廃棄物としてさまざまなところに放置されて、きちんと処理されていな場合が多いのです。

全採掘量の大部分が残土としてそのまま放置されています。それが大雨のときに川に流れ込み、周囲の生活環境にも影響を与えることがアメリカではわかっています。これだけ大量のものが地下から掘り出されて、実際に使っているのはごく一部です。圧倒的に大部分は、このように環境に負荷を与えるかたちで放置されているのが現状なのです。

オーストラリアは、トリウムやウランを含む鉱石の産地として有名ですが、オーストラリア先住民の被曝も問題になっています。

10　「基準値」と子どもの内部被曝

厚労省は去る３月14日、施行・翌日公布した省令で、今回事故を起こした原発の現場作業に携わる方がたが緊急作業に従事する際の被曝線量上限を、今までの年間１００ミリシーベルトから２５０ミリシーベルトに引き上げました。この根拠とされたのが、ＩＣＲＰ１９９０年勧告の限度５００ミリシーベルトです。しかも、志願して現場での救命活動にあたる人びとに対しては、被曝線量を「限界なし」とするよう事故直後に検討していたことを、４月20日付東京新聞が一面トップで報じました。この事実は　彼らが当初から今回の事故が極めて深刻なものであるとの認識をもちながら、それを隠していたことを推測させます。

読替後の電離放射線障害防止規則第７条（緊急作業時における被ばく限度）には、次のような記述があります。

「……緊急作業に従事する男性及び妊娠する可能性がないと診断された女性の放射線業務従事者については、……これらの規定に規定する限度を超えて放射線を受けさせることができる」。まず問題は、「妊娠する可能性がないと診断された女性」という差別的な記述です。そして男性には除外規定がありません。内部被曝による生殖腺・精子の染色体異常に起因する次世代の先天障害や悪性腫瘍の発症を、どのように考えているのでしょうか。

一方、文部科学省は去る4月19日、福島、郡山、伊達3市の幼・保育園、小中学校などで、屋外の放射線測定値が1時間3・8マイクロシーベルト以上になる場合、校庭での活動を1日1時間以内に制限するよう通知しました。これはＩＣＲＰの暫定基準値・年間20ミリシーベルトまでの目安をもとにしたものだとしています。

ドイツの人気週刊誌、シュピーゲル・オンラインは２０１１年4月21日、「日本が子どもの放射線基準値を緩和　福島原発災害」と題して、この文部科学省通知を次のように批判しました。

「この値は、子どもが1日当たり8時間野外にいると仮定して、年に換算すると約20ミリシーベルトに相当するが、これはドイツの原発作業員の最大線量に等しい」「『それはあまりにも高すぎる』と、環境保護団体グリーンピースで活動しているショーン・バーニー。『子どもはおとなよりもはるかに放射線に対する感受性が高い』とオットー・ホーグ放射線研究所のエドムンド・レングフェルダーは憤る。『がん患者の増加を知りながら我慢することになる。基準値の設定で政府は法的なピンチは切り抜けるが、道義的責任は免れない』」

世紀の大災厄と闘うために

ＩＣＲＰの基準値そのものを厳しく見直さないといけませんが、日本政府がそのときどきの状況に合わせて、現場作業者のみならず汚染地域の子どもたちの基準値をも甘く変えることが問題です。子どもをおとなから明確に区別し、子どもにはより厳しい基準値を定めなければいけません。

ＮＨＫの朝のＴＶニュースでは、子どもたちに土ぼこりを吸わないようにしなければならないし、土を口に入れたりしないように指導しなければならないなどと話していました。しかし、実際上そんなことは不可能でしょう。

汚染された地域の保育所・幼稚園・小中学校は丸ごと汚染の少ないところに移動させる必要があります。そのための移動の手段や移動先での暮らしができるよう、中央政府は思い切った施策を打ち出すべきです。そして子どもたちが安心して教育が受けられるよう、受け入れ側の私たちも準備を整えるべきです。

今回私たちが背負った核汚染とそれによる内部被曝は、アジアの人びとに塗炭の苦しみを強い、自らもすべてを失った１９３０年、40年代以来の災厄だと捉えるべきでしょう。もっとも困難な状況に追い込まれた人からも一律８％の消費税をむしり取るような政策を許してはいけません。逆に、いのちと健康と子どもの成長に必要なものは０％にすべきです。

今こそ、「人間の尊厳」「健康で文化的な生活を営む権利」「社会的連帯」を高らかに謳った日本国憲法の原点に立ち返り、世紀の大災厄と闘いましょう。

第II部

Q＆A「放射能と日常生活」

松井英介

Q1 放射性物質による健康被害とは、具体的にどういったことが考えられますか。外部被曝と内部被曝それぞれの場合について教えてください。

A 放射性物質による健康障害は、急性障害と慢性障害に分けて考えるのがよいと思います。急性障害は原子爆弾が炸裂したとき身体を貫いたガンマ線と中性子線による障害が代表的なものです。1回だけの急性影響によって多くのひとがいのちを奪われました。

アメリカ合衆国は、広島にはウラン爆弾を、長崎にはプルトニウム爆弾を投下しました。ともにアルファ線を出す核種ですが、プルトニウムの方がはるかに強い健康影響を人体に与えます。2つの違った原爆・無差別大量殺戮兵器を、わずか2日をおいて2つの都市に投下したのは、ウランとプルトニウムそれぞれの人体への影響を調べる目的があったといわれています。戦後アメリカが広島と長崎に設置したABCC（原爆障害調査委員会）は〝世紀の大実験〟の影響を徹底的に調査する機関でした。

急性障害は爆心から2㎞までの範囲でとくに強かったのですが、それより離れたところでも、皮下出血や下血、吐血などの消化器症状、脱毛などの急性症状を訴えるひとがめずらしくありませんでした。これは放射性降下物による内部被曝でした。しかしABCCは、これを無視しました。

ビキニ海域での被曝の場合も同じような急性症状が出ましたが、その原因は体内に取りこまれた放射性物質の小さな粒から照射されるアルファ線とベータ線の影響が大きく作用していると考えられます。東海村原子炉での作業中の事故で被曝した方も急性障害でなくなっています。今回の事故でも現場作業を携わっていた方が皮膚に火傷を負ったと報道されました。すでに亡くなった方もいます。

内部被曝でやっかいなのは、当初なんの症状もなくて、後から先天障害やがんを発症してくることです。内部被曝の方が外部被曝より健康影響が大きいのは、細胞とDNAに至近距離から、長い期間、繰り返し放射線が浴びせられるからです。そのため個々の細胞やDNAには、短い時間1回だけ外からガンマ線やX線を浴びる外部被曝とは比較にならない大きな影響があります。

Q2 政府や専門家から「健康にはただちに影響はないから大丈夫」ということが繰り返し述べられていますが、その根拠となっている「基準値」とは何でしょうか。また本当に大丈夫なのでしょうか。

A 今日本で使われている基準値は、ICRP（国際放射線防護委員会）の基準をもとにしています。ICRPは1950年に設立され、当初外部被曝に関する委員会と別に内部放射線リスクに関する委員会を設けましたが、翌1951年には、内部被曝に関する委員会審議を打ち切ってしまいました。この内部被曝に関する委員会の初代委員長を務めたカール・モーガンがその著書の中で次のように述べています。

「ICRPは、原子力産業界の支配から自由ではない。（中略）この組織がかつて持っていた崇高な立場を失いつつある理由がわかる」（『原子力開発の光と影――核開発者からの証言』2003年、昭和堂、153頁）

内部被曝の基準値を厳しく設定すると、原子炉の保守・点検・修理、燃料棒の交換など現場作業に携わる作業員の安全確保が困難になり、その結果原子炉の運転ができなくなる。その結果、プルトニウムの生成もできなくなり、世界核戦略に支障をきたすというのが、内部被曝委員会審議打ち切りの真相だったようです。

ＥＣＲＲ（ヨーロッパ放射線リスク委員会）の２０１０年勧告は、内部被曝の健康影響を著しく低く評価するＩＣＲＰ基準に替わる、より厳しい基準を提案しています。子どもや妊産婦には格段に厳しい基準が設定されなければなりません。

Q3 放射線を受けた場合、遺伝的影響はあるのでしょうか。またその研究はどの程度進んでいるのでしょうか。

A 放射性物質を浴びた父親の精子を介して、あるいは母親の卵子を介して次の世代に障害が現れることは、世界各地に実例があります。本文にもいくつかの例を挙げましたので、ご参照ください。とくに子どもや妊産婦は、たとえ微量でも放射性物質を身体の中にとりこまないようにすることが重要です。

２０１１年4月6日から8日までベルリンで開催されたチェルノブイリ25周年記念国際会議でも多くの論文が発表されました。次のウェブサイトから、それらを読むことができます。

http://www.strahlentelex.de/tschernobylkongress-gss2011.htm

Q4 放射性物質の半減期について教えてください。

A 半減期には、物理学的な半減期、生物学的な半減期、自然環境の中での半減期があります。

物理的な半減期（half life）は、ある放射性核種の個数が半分になるのに要する時間を指します。ヨウ素131は8日、セシウム137は30年、ストロンチウム90は29年、プルトニウム239は2万4000年、ウラン235は7億年、ウラン238は45億年、トリウムは140億年と、放射性核種ごとにかなり異なっています。

生物学的半減期は、放射性核種が水に溶ける形で体内に留まっているか否かによって、大きく左右されます。また、ヨウ素131は甲状腺、ストロンチウム90は骨組織などと、核種ごとに留まる組織が違うことを知っておくことが大切です。

自然環境中では、さらに状況は複雑です。自然生態系の中での食物連鎖に注目することが重要です。

Q5 水道水は本当に大丈夫でしょうか。

A 子どもが間違って飲まないようにすることが大切です。

しかし、どれだけ水に気をつけても、空気を呼吸しないわけにはいきませんし、外で遊ばせないわけにはいきませんので、14歳以下の子どもと妊産婦は、優先的・強制的に汚染地域から避難させる必要があります。強制避難は個人的な努力では無理ですので、保育所や学校の丸ごと移動をふくむ子ども最優先の総合的な施策を、政府に1日も早くとらせる運動が必要だと考えます。

Q6 野菜や魚への影響は一時的なものでしょうか。よく洗えば大丈夫でしょうか。茹でると煮汁から出るので大丈夫というようなことを言う人がいますが、放射性物質を落とすのに効果的な調理方法はあるのでしょうか。

A

放射性物質が次々と自然環境に放出される状態は、かなり長期にわたって続くものと予想されています。放射性物質は、野菜や魚が水や土など周囲環境から体内に取り込んだものですから、洗っても落ちません。

茹でることによって水溶性の部分は一部茹で汁に移行するかもしれませんが、そのような調理方法で子どもたちを放射性物質から守ろうというのは、現実的ではないように思います。

Q7 今後、土壌汚染の影響は出てくるでしょうか。米や根菜類は大丈夫でしょうか。

A すでに茨城県産や群馬県産など関東圏の野菜や茶葉、海や川の魚からセシウム１３７が検出されています。東京都の水道水が汚染されている状況を、もっと重くみるべきでしょう。スウェーデンが福島原発から２５０㎞圏内の自国民を避難させ、フランスがいち早くチャーター機まで用意して自国民を日本国外へ避難させたのは、25年前から今に続くチェルノブイリ原発事故の被害を目の当たりにしてきたからではないでしょうか。ヨーロッパでは今でも食べられないキノコなどがあると言われています。

Q8 空気汚染はあるのでしょうか。マスクや帽子は効果があるでしょうか。洗濯物や布団は野外で干しても大丈夫でしょうか。エアコンや換気扇はあまり回さないほうがいいでしょうか。窓もあまり明けないほうがいいでしょうか。

A 空気の汚染は水や土の汚染と密接な関係にあります。空気の汚染は風向きによって大きく左右されます。オーストリアやドイツの気象庁がインターネットで配信している汚染空気の経時的な動きを伝える動画をご覧になったでしょうか。この映像を見て目を見張った方も多かったと思います。汚染された空気が東京を通り過ぎて名古屋まで広がる様子がよくわかります。大気の汚染はすでに世界中に拡がっているのです。世界中の目が日本に向けられているその関心の強さは、チェルノブイリのとき以上かもしれません。

放射性物質の微粒子、とくにミクロンからナノメーターサイズのものは、マスクでは防げません。

風向きと雨雲の状態に敏感になることで、ある程度内部被曝を減らすことができるかもしれません。

Q9 妊婦や小さな子どもはどうすればよいでしょうか。子どもは野外で遊ばせないほうがいいでしょうか。今後も放射能漏れが続いた場合、具体的にどの範囲から避難すべきでしょうか。

A 東北各県はもとより、東京を含む関東圏からも小さい子どもと妊産婦は強制的組織的に避難させるべきでしょう。

イギリス発、子どもも大好きな往年の人気アニメ「風が吹くとき」のメッセージを思い起こす必要があるのではないでしょうか。

それは、「Protect（C→守り）ではなくProtest（S→抗議）を！」。

Q10 子どもに牛乳を飲ませても大丈夫でしょうか。母乳なら安全でしょうか。

A 乳幼児はとくに放射性物質の影響を受けやすいので、汚染された牛乳と母乳は飲ませるべきではありません。

子ども基準値を明確に設定させるなど、政府に子どもいのちと健康最優先の施策をとらせるために、全国的な大きな行動が起ることを心から願っています。

私は、以下のような提言を考えています。

福島第一原発事故にともなう放射線汚染に関する、菅首相への緊急提言（案）

1．放射線汚染モニターをきめ細かくやり、直ちにすべて公開すること
2．長期間にわたる放射性物質による内部被曝と健康障害を、一時的な外部被曝による急性障害から明確に区別し、それぞれ適切な防護・救護対策をとること
3．とくに蓄積性のある放射性物質による内部被曝の危険と晩発障害について、ひろく正確に知らせること
4．放射性物質による急性ならびに晩発性障害をより強く受ける汚染地域の子どもと妊産婦を、優先的に強制避難させること
5．避難のための移動手段を確保すること
6．避難先での生活・医療・検診・幼児教育・学校教育の体制を、至急整備すること
7．汚染地域の農林業・酪農・漁業者に対する、営業と生活の補償を至急行なうこと
8．そのための、予算措置を最優先でとること

以上、中央政府と原因企業の責任において、緊急対策を講ぜられたい。

著者紹介

宮川　彰（みやかわ あきら）

1948年生まれ。東京大学大学院経済学研究科博士課程修了。経済学博士（東京大学）。現在、首都大学東京大学院社会科学研究科教授。専攻：経済学（資本蓄積・再生産論、過渡期経済論、『資本論』研究）。日本マルクス・エンゲルス研究者の会代表世話人。
新『メガ』（新『マルクス・エンゲルス全集』）第Ⅱ部第12巻／第13巻〔『資本論』第2部のエンゲルス編集原稿とその刊本〕の編集作業に従事。各地で市民向け資本論講座の講師を務める（東京、名古屋、さいたま、藤沢など）。
主な著書
『再生産論の基礎構造―理論発展史的接近―』八朔社、1993年
『「資本論」第2・3巻を読む』上・下、学習の友社、2001年
『マルクス《経済学批判》への序言・序説』〈科学的社会主義の古典選書〉（訳・解説）、新日本出版社、2001年
『「資本論」第1巻を学ぶ　宮川彰講義録』ほっとブックス新栄、2006年
『「資本論」で読み解く　現代の貧富の格差』ほっとブックス新栄、2006年
『マルクスで読み解く　労働とはなにか資本とはなにか』ほっとブックス新栄、2010年

日野川静枝（ひのかわ しずえ）

1948年生まれ。弘前大学理学部卒業。現在、拓殖大学教授、特定非営利活動法人科学史技術史研究所研究員。専攻：科学史・技術史。
主な著書
髙橋智子・日野川静枝『科学者の現代史』青木書店、1995年
山崎正勝・日野川静枝編著『増補 原爆はこうして開発された』青木書店、1997年
日野川静枝『サイクロトロンから原爆へ』績文堂、2009年

松井英介（まつい えいすけ）

1938年生まれ。1964年岐阜県立医科大学卒業、元岐阜大学医学部助教授（放射線医学講座）。現在、岐阜環境医学研究所所長。
専門：呼吸器疾患の画像および内視鏡診断と治療、肺がんの予防・早期発見、集団検診ならびに治療。日本呼吸器学会専門医、日本肺癌学会特別会員、日本呼吸器内視鏡学会特別会員、癌研究会附属病院顧問。
経気管支肺生検法を編み出し、国内学会に報告するとともに、第一回世界気管支学会シンポジウムなどで発表。1997年5月から、『東京から肺がんをなくす会』のＣＴを用いた胸部検診パイロットスタディーに参加、現在に至る。
厚生労働省「肺の微小肺がんの診断および治療法の開発に関する研究」、「がん克服戦略研究事業（森山班）」、「がんの罹患高危険度の抽出と予後改善のための早期診断及び早期治療に関する研究」、「低線量ＣＴによる肺がん検診の有用性に関する研究」、「悪性胸膜中皮種の診断および治療法の確立とアスベスト曝露の実態に関する研究」などの研究分担者。
学会賞：第24回日本気管支学会（現呼吸器内視鏡学会）、第1回大畑賞（2001年）、顕微鏡ＣＴによる肺病変の超微細構造の解析（2004年）、第13回世界気管支学会・気管食道学会最優秀賞（バルセロナ、スペイン、2004年）。
主な著書・分担執筆
『Handbuch der inneren Medizin IV 4A』Springer-Verlag、1985年
『胸部Ｘ線診断アトラス５』医学書院、1992年
『新・画像診断のための解剖図譜』メジカルビュー社、1999年
『気管支鏡所見の読み』丸善、2001年
『見えない恐怖―放射線内部被曝―』旬報社、2011年　など

放射能汚染――どう対処するか
2011年6月20日　初版第1刷発行

著者 ――宮川　彰
日野川静枝
松井英介
発行者 ―平田　勝
発行 ――花伝社
発売 ――共栄書房
〒101-0065　東京都千代田区西神田2-5-11 出版輸送ビル2F
電話　03-3263-3813
FAX　03-3239-8272
E-mail　kadensha@muf.biglobe.ne.jp
URL　http://kadensha.net
振替 ――00140-6-59661
装幀 ――黒瀬章夫
印刷・製本 ―シナノ印刷株式会社

ISBN978-4-7634-0606-4 C0036